Wissenschaftliche Beiträge aus dem Tectum Verlag

Reihe Rechtswissenschaft

Wissenschaftliche Beiträge
aus dem Tectum Verlag

Reihe Rechtswissenschaft
Band 188

Christian H. W. Trentmann

Wahrheitsdetektionssysteme mit künstlicher Intelligenz

Ein neues Legal-Tech-Modell für Internal Investigations

Mit einem Geleitwort von Prof. Dr. Frank Maschmann

Tectum Verlag

Christian H. W. Trentmann
Wahrheitsdetektionssysteme mit künstlicher Intelligenz
Ein neues Legal-Tech-Modell für Internal Investigations

Wissenschaftliche Beiträge aus dem Tectum Verlag
Reihe: Rechtswissenschaft; Bd. 188

ISBN 978-3-8288-4790-3
ePDF 978-3-8288-7901-0
ISSN 1861-7875

Gesamtverantwortung für Druck und Herstellung:
Nomos Verlagsgesellschaft mbH & Co. KG
Printed in Germany

Besuchen Sie uns im Internet
www.tectum-verlag.de

Bibliografische Informationen der Deutschen Nationalbibliothek
Die Deutsche Nationalbibliothek verzeichnet diese Publikation in der Deutschen Nationalbibliografie; detaillierte bibliografische Angaben sind im Internet über http://dnb.d-nb.de abrufbar.

Geleitwort

Unter Internal Investigations versteht man private Ermittlungen, die Wirtschaftsunternehmen durchführen, um zu klären, ob in Verdacht geratene Unternehmensangehörige unternehmensinterne Pflichten verletzt und dabei sogar Straftaten und Ordnungswidrigkeiten begangen haben. Zentrales Instrument ist die Befragung von Mitarbeitern, die sich an den Ermittlungen zu beteiligen und an sie gerichtete Fragen wahrheitsgemäß zu beantworten haben. Ob Arbeitnehmer die Aussage verweigern dürfen, wenn sie dadurch Gefahr laufen, sich der Strafverfolgung auszusetzen, ist bis heute nicht abschließend geklärt, weil der Grundsatz der Selbstbelastungsfreiheit (nemo tenetur se ipsum accusare) bei privaten Ermittlungen nicht unmittelbar gilt. Schon aus diesem Grund ist es naheliegend, dass sich Befragte durch bewusste Falschaussagen den für sie schwerwiegenden Konsequenzen zu entziehen suchen. Damit sind die Aussagen aber praktisch wertlos.

Bewussten Falschaussagen könnte durch den Einsatz von Wahrheitsdetektionssystemen begegnet werden. Deren Ziel besteht darin, wahre Aussagen eines Befragten möglichst treffsicher von Lügen zu unterscheiden. Dazu wurden in der Vergangenheit häufig physiopsychologische Polygraphen als „analoge Lügendetektoren" verwendet. Da diese eine Trefferquote von allenfalls 70 Prozent erreichten, wurde ihr Einsatz mit Recht von den Gerichten verboten. Mittlerweile stehen aber moderne, mit Künstlicher Intelligenz (KI) funktionierende „Lügendetektoren" zur Verfügung, die es nahelegen, das Thema der Lügendetektion bei Internal Investigations aus neuer Perspektive technisch und juristisch zu beleuchten.

Die vorliegende Schrift, die der Autor als Masterarbeit im Masterstudiengang „Legal Tech" an der Universität Regensburg verfasst hat, widmet sich dieser Herausforderung und unterbreitet auf dem schwierigen Feld der Glaubhaftigkeitsanalyse und in einem bislang von Wissenschaft und Praxis für Internal Investigations noch völlig unmodellierten Bereich eine äußerst gelungene technische und juristische Standortbestimmung, ob und inwieweit sich Wahrheitsdetektionssysteme mit KI besser als bisher für einen Einsatz bei Mitarbeiterbefragungen im Zuge von internen Ermittlungen eignen. Sie ist jedem zu empfehlen, der sich mit dem Thema „Lügendetektion 2.0“ beschäftigt.

Prof. Dr. Frank Maschmann
Universität Regensburg

Inhaltsverzeichnis

Abkürzungsverzeichnis

Im Lichte von Abkürzungen sei vor allem angemerkt: Soweit in der vorliegenden Schrift Worte in der männlichen Schreibweise verwendet werden, geschieht dies allein der Einfachheit und Verständlichkeit halber; eine Diskriminierung der weiblichen Schreibweise und des weiblichen Geschlechts ist keinesfalls gewollt.

a.A.	andere Ansicht/en
a.a.O.	am angegebenen Ort
ablehn.	ablehnend
Abs.	Absatz / Absätze
Abschn.	Abschnitt
ACM	Association for Computing Machinery
ACP	Applied Cognitive Psychology – The Official Journal of the Society for Applied Research in Memory and Cognition
a.F.	alte Fassung
AG	Amtsgericht oder Aktiengesellschaft
allgem.	allgemein
AI	Artificial Intelligence
a.M.	am Main
AnwBl	Anwaltsblatt
APA	American Polygraph Association
Art.	Artikel
Aufl.	Auflage
ausführl.	ausführlich
AVATAR	Automated Virtual Agent for Truth Assessments in Real-Time
Az.	Aktenzeichen
BAG	Bundesarbeitsgericht
BAV	Bayerischer Anwaltverband
BB	Betriebs-Berater – Zeitschrift für Recht, Steuern und Wirtschaft
BCG	Boston Consulting Group
Bd.	Band
BDSG	Bundesdatenschutzgesetz
BeckOK	Beck'scher Onlinekommentar
BeckRS	Beck-Rechtsprechung
bekanntl.	bekanntlich
Beschl.	Beschluss
BGH	Bundesgerichtshof
BGHSt	Entscheidungen des Bundesgerichtshofs in Strafsachen
BGHZ	Entscheidungen des Bundesgerichtshofs in Zivilsachen
BLS	Bucerius Law School Hamburg
BPersVG	Bundespersonalvertretungsgesetz

BRAK	Bundesrechtsanwaltskammer
BReg	Bundesregierung
BSI	Bundesamt für Sicherheit in der Informationstechnik
BetrVG	Betriebsverfassungsgesetz
BVA	Bundesverwaltungsamt
BVerfG	Bundesverfassungsgericht
BVerfGE	Entscheidungen des Bundesverfassungsgerichts
BVerwG	Bundesverwaltungsgericht
bzw.	beziehungsweise
ca.	circa
CCZ	Corporate Compliance Zeitschrift
CEA	Closed-Eyes Agreement
CEO	Chief Executive Officer
CIA	Central Intelligence Agency
CMS	Compliance Management System
CNBC	Consumer News and Business Channel
CT	Christian Trentmann (Verfasser)
dass.	dasselbe
DB	Der Betrieb
ders.	derselbe
DFB	Deutscher Fußball-Bund
DGfPI	Deutsche Gesellschaft für Prävention und Intervention
diff.	differenzierend
div.	diverse/n
DNA	deoxyribonucleic acid (siehe auch DNS)
DNS	Desoxyribonukleinsäure (siehe auch DNA)
Dok.	Dokument
DS	Der Sachverständige
DSGVO	Datenschutzgrundverordnung
DSI	Discern Science International
DSK	Datenschutzkonferenz
dtsch.	deutsch
Egl.	Ergänzungslieferung
eingeh.	eingehend
EGGVG	Einführungsgesetz zum Gerichtsverfassungsgesetz
EMöGG	Gesetz über die Erweiterung der Medienöffentlichkeit in Gerichtsverfahren pp.
EMRK	Europäische Menschenrechtskonvention
engl.	englisch
entspr.	entsprechend
ergänz.	ergänzend
et al.	et altera
ETIAS	European Travel Information and Authorization System
EU	Europäische Union
EuG	Gericht der Europäischen Union
f. / ff.	folgende (Singular / Plural [„fortfolgende"])
FACS	Facial Action Coding System
FamRZ	Zeitschrift für das gesamte Familienrecht
FAZ	Frankfurter Allgemeine Zeitung
FBI	Federal Bureau of Investigation
FFM	Frankfurt am Main
FIFA	Fédération Internationale de Football Association
Fn.	Fußnote
FPR	Familie – Partnerschaft – Recht – Zeitschrift für die Anwaltspraxis

FRVT	Face Recognition Vendor Test
FTC22	FinTech Connect 2022
GewO	Gewerbeordnung
ggf.	gegebenenfalls
GmbH	Gesellschaft mit beschränkter Haftung
grundl.	grundlegend
GS	Großer Senat
GVG	Gerichtsverfassungsgesetz
GVRZ	Zeitschrift für das gesamte Verfahrensrecht
HdM	Hochschule der Medien
Hervorheb.	Hervorhebung
HLEG AI	High-Level Expert Group on Artificial Intelligence der EU
h.M.	herrschende Meinung
Hrsg.	Herausgeber
hrsg.	herausgegeben
IAAI	Institute for Applied Artificial Intelligence
ICMI	International Conference on Multimodal Interaction
insb.	insbesondere
i.S.d.	im Sinne des
IT	Informationstechnologie
i.V.m.	in Verbindung mit
JA	Juristische Arbeitsblätter
jew.	jeweils
Jg.	Jahrgang
JR	Juristische Rundschau
JURA	Juristische Ausbildung
JurPC	Internetzeitschrift für Rechtsinformatik und Informationsrecht
JuS	Juristische Schulung
JZ	Juristenzeitung
KBS	Knowledge-Based Systems
KI	Künstliche Intelligenz
KIG	Gesetz über Künstliche Intelligenz
KK	Karlsruher Kommentar
KriPoZ	Kriminalpolitische Zeitschrift
krit.	kritisch
LAG	Landesarbeitsgericht
lat.	lateinisch
Law Hum Behav.	Law and Human Behavior
LG	Landgericht
Lit.	Literatur
lit.	literarisch
Ltd.	Limited
MDR	Mitteldeutscher Rundfunk
MiStra	Anordnung über Mitteilungen in Strafsachen
MIT	Massachusetts Institute of Technology
MschrKrim	Monatsschrift für Kriminologie und Strafrechtsreform
MüKo	Münchener Kommentar
Nachw.	Nachweis/e
NASA	National Aeronautics and Space Administration
NCA	Neural Computing & Applications
NDA	Non-Disclosure Agreement
n.F.	neue Fassung

NIST	National Institute of Standards and Technology
NJOZ	Neue Juristische Online-Zeitschrift
NJW	Neue Juristische Wochenschrift
N.N.	Nomen Nominandum
Nr.	Nummer
NStZ	Neue Zeitschrift für Strafrecht
NStZ-RR	NStZ-Rechtsprechungs-Report
NVwZ	Neue Zeitschrift für Verwaltungsrecht
NVwZ-RR	NVwZ-Rechtsprechungs-Report
m.w.N.	mit weiteren Nachweisen
NZA	Neue Zeitschrift für Arbeitsrecht
NZG	Neue Zeitschrift für Gesellschaftsrecht
NZWiSt	Neue Zeitschrift für Wirtschafts-, Steuer- und Unternehmensstrafrecht
OLG	Oberlandesgericht
OWiG	Gesetz über Ordnungswidrigkeiten
pp.	perge perge
PdR	Praxis der Rechtspsychologie
PSPR	Personality and Social Psychology Review
RdA	Recht der Arbeit
REA	European Research Executive Agency
RegE	Regierungsentwurf
RiStBV	Richtlinien für das Straf- und Bußgeldverfahren
Rn.	Randnummer/n
Rspr.	Rechtsprechung
RuP	Recht und Politik – Zeitschrift für deutsche und europäische Rechtspolitik
RW	Rechtswissenschaft – Zeitschrift für rechtswissenschaftliche Forschung
RWE	Rheinisch-Westfälisches Elektrizitätswerk
S.	Seite/n
SaaS	Software as a Service
SEC	Securities Exchange Commission
sog.	so genannt
SprAuG	Gesetz über Sprecherausschüsse der leitenden Angestellten
StGB	Strafgesetzbuch
StPO	Strafprozessordnung
StV	Strafverteidiger
SZ	Süddeutsche Zeitung
Tab.	Tabelle
teilw.	teilweise
u.a.	unter anderem
UE	Union Européenne
UK	United Kingdom
Urt.	Urteil
USA	United States of America
v.	von / vom
Var.	Variante
v. Chr.	vor Christus
VerSanG	Verbandssanktionengesetz
vgl.	vergleiche
VW	Volkswagen
WiJ	Journal der Wirtschaftsstrafrechtlichen Vereinigung e.V.
wistra	Zeitschrift für Wirtschafts- und Steuerstrafrecht
z.B.	zum Beispiel
ZD	Zeitschrift für Datenschutz

ZD-Aktuell	Newsdienst der ZD
ZfRSoz	Zeitschrift für Rechtssoziologie
ZIS	Zeitschrift für Internationale Strafrechtsdogmatik, seit 2022: Zeitschrift für Internationale Strafrechtswissenschaft
zit.	zitiert
ZPO	Zivilprozessordnung
ZStW	Zeitschrift für die gesamte Strafrechtswissenschaft
zustimm.	zustimmend
ZWH	Zeitschrift für Wirtschaftsstrafrecht und Haftung im Unternehmen

A. Einleitung

Die vorliegende Schrift bewegt sich im Bereich der *Internal Investigations* unter dem Gesichtspunkt des Einsatzes von *Legal Tech* und *Künstlicher Intelligenz (KI)*. Genauer geht es um Mitarbeiterbefragungen bei Internal Investigations, sog. Interviews, und die Problematik, ob der Aussage eines Mitarbeiters in einem Interview zu glauben ist oder nicht, ob es sich also um eine wahre oder unwahre Aussage des Mitarbeiters handelt, und diesbezüglich lenkt die Schrift den Blick auf Lügen- bzw. Wahrheitsdetektion mittels *Legal Tech*, sprich Aussageprüfungen mittels sog. Lügendetektoren und speziell „Lügendetektoren 2.0“[1], d.h. modernen, KI-basierten Lügendetektionssystemen. Soweit ersichtlich, existieren bislang keine wissenschaftlichen oder Praxisausarbeitungen, die sich mit der „Lügendetektion 2.0“ im Kontext von Internal Investigations in Deutschland beschäftigen, d.h., die vorliegende Schrift betritt insoweit Neuland.

Das Ziel der vorliegenden Schrift ist es, die „Lügendetektion 2.0“ für Interviews in Internal Investigations fruchtbar zu machen. Hierzu werden im sogleich folgenden *Teil B* zunächst die Grundlagen von Internal Investigations, Interviews und dem problematischen Erkennen von wahren und unwahren (Mitarbeiter-)Aussagen aufbereitet. *Teil C*, der erste der zwei Hauptteile der Schrift, befasst sich sodann in Abgrenzung zu klassischen Polygraphen, also den „Lügendetektoren 1.0“, und nebst Einordnungen der Begriffe *Legal Tech* und *KI* mit dem – beeindruckend weit fortgeschrittenen – Stand der Technik und der – im Abgleich mit allen anderen Methoden des Erkennens von Wahrheit und Lüge beachtlichen – Validität von „Lügendetektoren 2.0“. Auf dieser tatsächlichen Basis betritt *Teil D*, der zweite Hauptteil der Schrift, schließlich die normative Ebene und entlang eines plastifizierenden

1 So der Begriff von *Rodenbeck*, StV 2020, 479.

fiktiven, aber alltäglich möglichen Fallbeispiels werden rechtliche Leitlinien herausgearbeitet, wie moderne, KI-basierte Lügendetektionssysteme bei Internal Investigations eingesetzt werden können.

B. Internal Investigations, Interviews und das Erkennen von Wahrheit und Lüge

I. „Internal Investigations" als täglicher Teil von „Compliance"

„Internal Investigations" (dtsch. „interne Untersuchungen"[2]) stammen begrifflich und inhaltlich aus dem angloamerikanischen Rechtskreis[3] und gewannen hierzulande insbesondere mit der *Siemens-Affäre* in den 2000er Jahren über die Fachkreise hinaus Bekanntheit.[4] Es werden darunter Maßnahmen zusammengefasst, die ein Wirtschaftsunternehmen tätigt, um den Verdacht unternehmensinterner Pflichtverletzungen durch eigene Mitarbeiter, insbesondere Straftaten und Ordnungswidrigkeiten, aufzuklären.[5] Anlassbezogen werden sie im Vorfeld oder parallel, teils gar anstatt staatlicher Ermittlungen durchgeführt, entweder durch eigene Abteilungen des Unternehmens – etwa die interne Revision oder eine Internal-Investigations-Abteilung – oder unabhän-

---

2 Vgl. dazu, dass teilw. gemeint wird, in Abgrenzung zu staatlichen Ermittlungsverfahren besser nicht von internen „Ermittlungen" zu sprechen, *BRAK-Strafrechtsausschuss*, Thesen zum Unternehmensanwalt im Strafrecht, S. 9; weniger restriktiv z.B. *Wessing*, in: Hauschka/Moosmayer/Lösler, Corporate Compliance, § 46 Rn. 1.

3 Näher z.B. *Hille*, Die Kooperation von Unternehmen mit deutschen Strafverfolgungsbehörden, S. 29 ff.

4 Statt vieler z.B. *Theile*, ZIS 2013, 378; *Wessing*, in: Hauschka/Moosmayer/Lösler, Corporate Compliance, § 46 Rn. 3 m.w.N.; näher zur *Siemens-Affäre* z.B. *Momsen*, ZIS 2011, 508 (509 ff.).

5 *Reuling/Schoop*, ZIS 2018, 361; siehe ferner z.B. *Ignor*, CCZ 2011, 143; *Park*, in: Volk/Beukelmann, Münchener Anwaltshandbuch Wirtschafts- und Steuerstrafsachen, § 11 Rn. 1; *Rotsch*, in: ders., Criminal Compliance, § 2 Rn. 23 ff.

gig durch beauftragte „Unternehmensanwälte“[6] und Wirtschaftsprüfer.[7]

Heute sind Internal Investigations in Deutschland nicht nur längst „Teil der Unternehmenswirklichkeit“, sondern sie gehören auch „zum Alltag deutscher Unternehmen“ (*Krug/Skoupil*).[8] Sie sind als solche ein „unverzichtbarer Bestandteil“ (*Reuling/Schoop*[9]) der Organisation der *Compliance* eines Unternehmens.[10] In Relation zu dieser Compliance, soweit es unter diesem Begriff bekanntlich im Kern darum geht, Risiken von Rechtsverletzungen im Vorfeld, also durch Prävention und dabei vor allem durch *Compliance Management Systeme (CMS)* zu vermeiden,[11] sind Internal Investigations nicht (Pro-)Aktion, sondern eine spezifische Art der *Re*aktion auf (vermutete) Regelverstöße mit dem Ziel, nachteilige Folgen für das Unternehmen zu begrenzen; sie werden insofern auch als die „repressive Facette der Compliance“ (*Momsen*[12]) bezeichnet.

6 Näher zum „Unternehmensanwalt“ *BRAK-Strafrechtsausschuss*, Thesen zum Unternehmensanwalt im Strafrecht, passim.

7 *Reuling/Schoop*, ZIS 2018, 361; vgl. ferner z.B. *Park*, in: Volk/Beukelmann, Münchener Anwaltshandbuch Wirtschafts- und Steuerstrafsachen, § 11 Rn. 4; *Rotsch*, in: ders., Criminal Compliance, § 2 Rn. 24.

8 *Krug/Skoupil*, NJW 2017, 2374; vgl. ferner z.B. auch *Reuling/Schoop*, ZIS 2018, 361.

9 *Reuling/Schoop*, ZIS 2018, 361; vgl. ferner z.B. *Krug/Skoupil*, NJW 2017, 2374; *Momsen/Grützner*, CCZ 2017, 242 („seit über zehn Jahren aus dem Wirtschaftsleben nicht mehr wegzudenken“).

10 Näher *Hartung*, in: Wieland/Steinmeyer/Grüninger, Handbuch Compliance-Management, Teil 1 Kap. 2.5 Rn. 1 ff.

11 Näher zu Begriff und Inhalt von „Compliance“ und deren enger und weiter Definition z.B. *Wieland*, in: ders./Steinmeyer/Grüninger, Handbuch Compliance-Management, Teil 1 Kap. 1.1 Rn. 1 ff.

12 *Momsen*, ZIS 2011, 508 (511); zustimm. statt vieler z.B. *Theile*, ZIS 2013, 378 (384); a.A. *Wessing*, in: Hauschka/Moosmayer/Lösler, Corporate Compliance, § 46 Rn. 1.

II. „Interviews" von Arbeitnehmern und Wahrheitspflicht

Ein integraler, geradezu zentraler Bestandteil aller Internal Investigations[13] ist nebst analoger und digitaler Daten-Sichtung und -Sicherung die Befragung von Auskunftspersonen in Form von „Interviews"[14], so vor allem der Mitarbeiter des Unternehmens (Arbeitnehmer), soweit es solche sind, die zum Verdachtsmoment aufklärende Informationen geben könnten („Zeugen") oder selbst im Verdachtskontext stehen („Verdächtige").[15] Ein erster Aspekt ist hier nun zunächst, dass nach weit überwiegender Ansicht eine arbeitsrechtliche Pflicht zur Teilnahme an einem Interview besteht und der Mitarbeiter auskunftspflichtig ist, was sich aus dem Weisungsrecht des Arbeitgebers gem. § 106 GewO ableiten[16] oder unter Rückgriff auf die §§ 666, 675 BGB begründen[17] lasse.[18] Die Interviewteilnahme- und Auskunftspflicht wird dabei gar als gem. § 888 ZPO erzwingbar erachtet.[19] Der zweite Aspekt ist sodann, dass nach ebenfalls herrschender Meinung der Mitarbeiter die Interviewfragen auch wahrheitsgemäß und vollständig zu beantworten hat, jedenfalls soweit sie den unmittelbaren Arbeitsbereich des Mitarbeiters oder dessen Wahrnehmungen im Zusammenhang

13 Vgl. statt vieler nur z.B. *Greco/Caracas*, NStZ 2015, 7; *Krug/Skoupil*, NJW 2017, 2374 (2379).

14 Krit. zu diesem „verharmlosenden" Begriff *Wastl/Litzka/Pusch*, NStZ 2009, 68; ebenso z.B. *Greco/Caracas*, NStZ 2015, 7. Es empfiehlt sich jedoch, jedenfalls den Begriff „Vernehmungen" in Abgrenzung zu staatlichen Ermittlungen zu vermeiden (vgl. oben Fn. 2).

15 Zur Befragung von Mitarbeitern als „wichtigste Informationsquelle jeder Investigation" im guten Überblick z.B. *Hartung*, in: Wieland/Steinmeyer/Grüninger, Handbuch Compliance-Management, Teil 1 Kap. 2.5 Rn. 92 ff.

16 So z.B. *Haefcke*, CCZ 2014, 39; *Kasiske*, NZWiSt 2014, 262 (263); *Lützeler/Müller-Sartori*, CCZ 2011, 19; *Rudkowski*, NZA 2011, 612.

17 So BGHZ 41, 318; BAG, NZA 2002, 618 (620); *Diller*, DB 2004, 313; *Greco/Caracas*, NStZ 2015, 7.

18 Näher m.w.N. zur Rspr. und Lit. z.B. *Greeve/Tsambikakis*, in: Knierim/Rübenstahl/Tsambikakis, Internal Investigations, Kap. 18 Rn. 16 ff.; siehe ferner auch schon *Theile*, ZIS 2013, 378.

19 So z.B. *Krug/Skoupil*, NJW 2017, 2374 (2375); vgl. hierzu auch *Anders*, wistra 2014, 329 (331).

mit der Arbeitsleistung betreffen.[20] Diese Wahrheits- und Vollständigkeitspflicht hinsichtlich des unmittelbaren Arbeitsbereichs und der Arbeitsleistung[21] sei selbst dann nicht zu relativieren, wenn sich der Mitarbeiter durch seine Auskunft der Gefahr einer Strafverfolgung aussetze, zumal der Grundsatz der Selbstbelastungsfreiheit (*nemo tenetur se ipsum accusare*)[22] im Arbeitsrecht nicht, jedenfalls nicht direkt gelte.[23] Mitarbeiter haben mithin in Interviews, seien sie „Zeugen" oder „Verdächtige", nach herrschender Meinung grundsätzlich eine

20 Näher m.w.N. zur Rspr. und Lit. z.B. *Greeve/Tsambikakis*, in: Knierim/Rübenstahl/Tsambikakis, Internal Investigations, Kap. 18 Rn. 19 ff.; siehe auch schon BAG, NZA 1996, 637 (638); *Göpfert/Merten/Siegrist*, NJW 2008, 1703 (1705).

21 Hinsichtlich der Wahrnehmungen, die über den unmittelbaren Arbeitsbereich des Mitarbeiters hinausgehen – also solchen, die er außerhalb des regulären Arbeitsplatzes, aber z.B. auf Dienstreisen oder bei Geschäftsessen gemacht hat (*Greco/Caracas*, NStZ 2015, 7; *Rudkowski*, NZA 2011, 612 [614]) – besteht nach h.M. eine aus der arbeitsvertraglichen Treuepflicht (§ 242 BGB) abgeleitete Auskunftspflicht (*Dann/Schmidt*, NJW 2009, 1851 [1852 f.]; *Haefcke*, CCZ 2014, 39 [40]). Dies soll allerdings nur gelten, soweit die Interessen des Arbeitgebers überwiegen und die Auskunftserteilung den Mitarbeiter nicht übermäßig belastet (BAG, NZA 1996, 637 [639]; *Mengel/Ullrich*, NZA 2006, 240 [243]). Die vorzunehmende Verhältnismäßigkeitsprüfung (*Göpfert/Merten/Siegrist*, NJW 2008, 1703 [1705]; *Scherp*, Fraud Management, S. 251) kann im Ausnahmefall dazu führen, dass dem Mitarbeiter eine Selbstbelastung in diesem Bereich nicht zuzumuten ist (*Göpfert/Merten/Siegrist*, a.a.O. [1705]; *Greeve/Tsambikakis*, in: Knierim/Rübenstahl/Tsambikakis, Internal Investigations, Kap. 18 Rn. 17 f.; *Krug/Skoupil*, NJW 2017, 2374 [2375]; *Spehl/Momsen/Grützner*, CCZ 2014, 170 [172]). Insg. ist zu beachten, dass der Mitarbeiter seine Mitwirkung nie vollständig verweigern darf, sondern allenfalls die Beantwortung einzelner Fragen (*Göpfert/Merten/Siegrist*, a.a.O. [1706]; *Krug/Skoupil*, a.a.O. [2375]).

22 Siehe dazu insb. §§ 52, 53, 55, § 136 Abs. 1 Satz 2, § 163a Abs. 3 Satz 2, Abs. 4 Satz 2, § 243 Abs. 5 Satz 1 StPO, ferner §§ 46 Abs. 1, 55 OWiG und § 383 Abs. 1 Nr. 1–3 ZPO.

23 Insofern beruft sich die h.M insb. auf den sog. *Gemeinschuldnerbeschluss* des BVerfG (BVerfGE 56, 37) und verweist darauf, dass der Gesetzgeber im Interesse privater Auskunftsberechtigter an einer uneingeschränkten Auskunftspflicht und an Zwangsmaßnahmen für ihre Erfüllung bis heute festgehalten hat und dass der nemo-tenetur-Grundsatz anders als im Strafrecht im Zivil- und Arbeitsrecht von vorneherein aufgrund der Stellung der Parteien als Privatrechtssubjekte eingeschränkt sei; für diese h.M. z.B. LAG Hamm, CCZ 2010, 238; *Diller*, DB 2004, 313 (314); *Fritz/Nolden*, CCZ 2010, 170 (175 f.); *Lützeler/Müller-Sartori*, CCZ 2011, 19; *Rübenstahl*, WiJ 2012, 17 (22); *Theile/Gatter/Wiesenack*, ZStW 126 (2014), 803 (828) m.w.N.; a.A. *I. Roxin*, StV 2012, 116 (121); *Rudkowski*, NZA 2011, 612 (613); vgl. auch *Greco/Caracas*, NStZ 2015, 7 m.w.N. zur a.A.; näher m.w.N. zur Rspr.

umfassende – arbeitsrechtliche – Pflicht, die vollständige Wahrheit zu sagen; das offensichtliche Kollisionsproblem wird dabei nur teilweise durch überobligatorische Selbstverpflichtungen, den arbeitsrechtlichen Anspruch auf Wahrheit nicht durchzusetzen, verdeckt.[24] Faktisch ist schließlich – und dies ist der einleitend dritte, für die vorliegende Schrift nun zentrale Aspekt – zu verzeichnen, dass nebst der viel zitierten „Mauer des Schweigens" nicht selten in Mitarbeiterinterviews gelogen wird, andererseits aber eben deshalb auch einem tatsächlich die Wahrheit sagenden Mitarbeiter nicht geglaubt wird.[25]

III. Problematisches Erkennen von Wahrheit und Lüge

Vor dem einleitend umrissenen Hintergrund geht es – in der axiomatischen Annahme, dass es jedenfalls im persönlichen Nahbereich eine „objektive Wahrheit" in Form von Tatsachen[26] gibt[27] – um das Erken-

und Lit. z.B. *Greeve/Tsambikakis*, in: Knierim/Rübenstahl/Tsambikakis, Internal Investigations, Kap. 18 Rn. 19 ff.

24 *Theile*, ZIS 2013, 378 (383); monografisch zum Ganzen ausführl. z.B. *Gatter*, Die Ausgestaltung von Mitarbeiterbefragungen bei unternehmensinternen Ermittlungen und die Selbstbelastungsfreiheit, passim.

25 Vgl. dazu und zu den Motiven statt vieler z.B. *Hartung*, in: Wieland/Steinmeyer/Grüninger, Handbuch Compliance-Management, Teil 1 Kap. 2.5 Rn. 99; vgl. ferner die Begründung zu § 17 Abs. 1 Nr. 5 des RegE des *VerSanG* im Rahmen des RegE eines *Gesetzes zur Stärkung der Integrität in der Wirtschaft*, abrufbar unter https://www.bmj.de/SharedDocs/Gesetzgebungsverfahren/DE/Staerkung_Integritaet_Wirtschaft.html (letzter Abruf: 12.5.2022), S. 100.

26 Bemerkt sei, dass selbst der Begriff der „Tatsache" einen erkenntnistheoretischen Zweifel beinhaltet, erst recht der entsprechende lateinische Begriff „Faktum", der in direkter Übersetzung das „Gemachte" heißt; dazu schon *Merten*, ZfRSoz 18 (1997), 16 (29).

27 Vgl., dass auch bei den Straftatbeständen der §§ 153 ff. StGB (Aussagedelikte) die „objektive Theorie" zur Unwahrheit bzw. Falschheit einer Aussage vorherrschend ist, also eine Aussage dann strafbar ist, wenn ein Widerspruch zum tatsächlichen („objektiven") Geschehen besteht; zu diesem „Widerspruch zwischen Wort und Wirklichkeit" z.B. *Bosch/Schittenhelm*, in: Schönke/Schröder, StGB, Vor §§ 153 ff. Rn. 4 ff. m.w.N. und dabei auch zu a.A. wie der „subjektiven Theorie" („Widerspruch zwischen Wort und Wissen"), der „modifiziert objektiven Theorie" von *Rudolphi* oder der „Pflichttheorie" von *Schmidhäuser*. Dabei sei ferner nicht verkannt, dass selbst Auskunfts- und Zeugnisverweigerungsrechte von Zeugen

nen, genauer: das Problem des Erkennens bzw. Unterscheidens wahrer Aussagen und unwahrer Aussagen von Mitarbeitern bei Interviews. Das Problem liegt hierbei in zwei Facetten:

Auf der einen Seite ist es einzugestehen, dass der Mensch beweistechnisch betrachtet eine „Fehlkonstruktion" ist, wie *Nestler* plakativ schreibt, „[e]r irrt sich – und er lügt".[28] Und auch nach BGH-Richter *Eschelbach*[29] haben Lügen „selbst [...] vor Gericht weiterhin Konjunktur". Zugleich betont *Eschelbach*, dass die Ursachen sowie Häufigkeit des Lügens seitens Juristen, die andere an eigenen Verhaltensvorstellungen und Wertmaßstäben mäßen, „oft unterschätzt" würden.[30] Es werde die Gefahr übersehen, wie oft „falsche Erinnerungen" durch „ergänzende Eindrücke, Ablenkungen, Zuschreibungen, zusätzliche Deutungen und suggestive Einflüsse" hervorgerufen werden könnten oder wie „einfach und gebräuchlich" lügen sei, etwa sogar, um unerwünschte Personen durch ein juristisches Verfahren zu belasten. Dies entspricht der allgemeinen Einschätzung, Zeugen seien sehr unzuverlässige Beweismittel.[31] Dennoch kommen viele Rechtsangelegenheiten

(siehe insb. §§ 52 ff. StPO, §§ 383 ff. ZPO) und sogar die Freiheit eines straf- oder ordnungswidrigkeitsrechtlich Beschuldigten, sich nicht selbst belasten zu müssen, über Schweigerechte hinaus kein „Recht zur Lüge" gewähren; näher insb. BGH, NStZ 2005, 517 (518); BGH, NJW 2015, 1705 (1706). – Vgl. aber auch die facettenreiche epistemologische Diskussion um menschenmögliche „Wahrheit" und Erkenntnisfähigkeit respektive Realismus und Konstruktivismus und dazu nebst der bekannten klassischen Lit. wie z.B. *Platon*, Der Staat, VII/514 ff. (Höhlengleichnis) aus jüngerer Zeit etwa *Kleinstück*, Wirklichkeit und Realität, S. 41 ff.; *ders.*, Die Erfindung der Realität, S. 9 ff.; *Luhmann*, Erkenntnis als Konstruktion, passim; *ders.*, Die Realität der Massenmedien, S. 17 ff.; *ders.*, Legitimation durch Verfahren, S. 41 f.; im Überblick und m.w.N. ferner z.B. *Hügli/Lübcke*, Philosophielexikon, Stichwort „real" (S. 760), Stichwort „Realismus" (S. 760 ff.), ferner Stichwort „Konstruktivismus" (S. 494 f.), Stichwort „Wahrheit" (S. 935 ff.), Stichwort „Wirklichkeit" (S. 961 f.), Stichwort „Wissenschaftstheorie" (S. 963 ff.).

28 *Nestler*, JA 2017, 10; siehe auch schon *Hussels*, Kriminalistik 2011, 114.

29 Hierzu und zum Nachfolgenden *Eschelbach*, in: BeckOK StPO, § 261 Rn. 10.4 m.w.N.; ferner *Geipel*, in: Miebach/Hohmann, Wiederaufnahme in Strafsachen, Abschn. A Rn. 137 ff.; *Rückert*, Nichts als die Unwahrheit, in: *Die Zeit*, Artikel v. 3.4.2008, abrufbar unter www.zeit.de/2008/15/Falsche-Zeugen (letzter Abruf: 12.5.2022).

30 „Wer nicht lügen kann, weiss nicht, was Wahrheit ist", so schon *Nietzsche*, Also sprach Zarathustra, Teil 4, S. 82.

31 Statt vieler z.B. *Gerhold*, ZIS 2020, 431.

und insbesondere staatliche juristische Verfahren kaum ohne Zeugen aus und in Strafverfahren kann in Aussage-gegen-Aussage-Situationen sogar der gesamte Prozessausgang von ihnen abhängen.[32] Darüber hinaus gilt für Einlassungen von Beschuldigten nichts anderes und Geständnisse gelten hergebrachter Weise[33] als die *rēgīna probātiōnum*[34], obgleich selbst falsche Geständnisse nicht etwa eine Seltenheit sind.[35]

Auf der anderen Seite belegen empirische Studien wie etwa die Meta-Analyse von *Bond/DePaulo*, die die Ergebnisse von 206 Einzelstudien zusammenfasst, bei denen insgesamt rund 25.000 Probanden anhand von Videoausschnitten bestimmen sollten, ob die ihnen gezeigten Personen gerade gelogen hatten oder nicht, dass der Mensch nur zu etwa 54 % eine wahre Aussage von einer Lüge zu unterscheiden vermag.[36] Diese durchschnittliche Trefferquote unterscheidet sich zudem nur höchst marginal selbst von derjenigen, die Berufsrichter erreichen, obgleich doch die Würdigung von Beweisen und dabei insbesondere von Zeugenaussagen sowie (in Strafverfahren) Beschuldigteneinlassungen seit jeher die „ureigene Aufgabe" von Richtern ist[37] und ihnen daher

32 *Nestler*, JA 2017, 10 (11); *Schmuck/Brügge-Niemann*, NJOZ 2014, 601 (602).

33 Vgl. nur schon die *Constitutio Criminalis Carolina (CCC)*, die Peinliche Halsgerichtsordnung *Kaiser Karls V.* aus dem Jahr 1532, nach deren Art. 69 die „beweisung" durch Zeugen etc. gegenüber dem „eygen bekennen" des Beschuldigten nur subsidiär war; *Drews*, Die Königin unter den Beweismitteln?, S. 35; *Geppert*, JURA 2015, 143 (151); *Ignor*, Geschichte des Strafprozesses, S. 62 ff.; *Rüping/Jerouschek*, Strafrechtsgeschichte, Rn. 105 f.; *Schroeder*, Die Peinliche Halsgerichtsordnung Kaiser Karls V., S. 160.

34 „Königin der Beweismittel".

35 Zu „falschen" Geständnissen eingeh. *Drews*, Die Königin unter den Beweismitteln?, S. 117 ff.

36 *Bond/DePaulo*, PSPR 10 (2006), 214 (219, 230); ergänz. *Vrij*, in: Otgaar/Howe, Finding the Truth, S. 163 (175 f.).

37 So *Eschelbach*, in: BeckOK StPO, § 261 Rn. 11; siehe auch BGHSt 3, 52 (53); 8, 130 (131); 29, 18 (20) und aus jüngerer Zeit z.B. BGH, NStZ 2010, 51 (52). – Dies gilt freilich v.a. für Verfahren, die wie Verwaltungs- und Strafverfahren von der Offizial- und Inquisitionsmaxime geprägt sind, in denen also eine der vordersten Aufgaben des staatlichen Richters die „bestmögliche Rekonstruktion des historischen Geschehens" (*Eschelbach*, a.a.O., § 261 Rn. 4) ist. Aber auch im der Dispositionsmaxime unterliegenden Zivilverfahren ist den Richtern tagtäglich bei Beweiswürdigungen nach § 286 Abs. 1 Satz 1 ZPO aufgetragen zu entscheiden, „ob eine tatsächliche Behauptung für wahr oder für nicht wahr zu erachten" ist; dazu näher z.B. *Prütting*, in: MüKo ZPO, § 286 Rn. 16 ff.

– nach einem normativ, aber offenbar nicht empirisch oder naturwissenschaftlich begründbaren Dogma, was in der Praxisliteratur als „Besorgnis erregend“ kritisiert wird[38] – der „Vertrauensvorschuss“[39] zuerkannt wird, anders als Laien „über das Maß an Menschenkenntnis und an Fähigkeit, Aussagen auf ihren Wahrheitsgehalt zu beurteilen, [zu] verfügen, von dem die Befähigung zum Richteramt notwendig und wesentlich, abhängt“,[40] also „über diejenige Sachkunde bei der Anwendung aussagepsychologischer Glaubwürdigkeitskriterien [zu] verfügen, die für die Beurteilung von Aussagen auch bei schwieriger Beweislage erforderlich ist“.[41] Schon infolge „zu verzeichnender Ausbildungsmängel und Qualitätsverluste bei der Arbeit überforderter oder überlasteter Richter“[42] ist es allerdings nahegelegt, dass richterliche Beweiswürdigungen tatsächlich „oftmals nur intuitiv durchgeführt“ (*Eschelbach*[43]) werden, dass sie sich also vor allem auf eine mehr oder minder ausgeprägte „naturgegebene Befähigung“ (Lebenserfahrung und Menschenkenntnis) stützen und dass sich Richter dabei durchaus „maßlos überschätzen“ (*Makepeace*[44]). Die einschlägigen Studien, so nebst der bereits genannten von *Bond/DePaulo* etwa die weitere Meta-Studie von *Vrij*, belegen jedenfalls, dass selbst Berufsrichter anhand eigener Befähigung lediglich eine Trefferquote von 45 bis 60 % im Erkennen von Lügen erzielen können und die durchschnittliche Trefferquote von Richtern, Staatsanwälten und Polizisten bei nur 55,91 % und damit eben kaum höher als diejenige von Laien liegt.[45] Ob Berufsrichter oder Laie, die Trefferquote ist faktisch derart ernüchternd, dass *Gamer*, Professor für Experimentelle Klinische Psychologie an der Universität Würzburg, anmerkt, man würde eine solche Trefferquote „auch ein-

38 Statt vieler m.w.N. *Eschelbach*, in: BeckOK StPO, § 261 Rn. 10.4.
39 *Eschelbach*, in: BeckOK StPO, § 261 Rn. 9.1.
40 BGHSt 3, 52 (53).
41 BGH, NStZ 2010, 51 (52).
42 *Eschelbach*, in: BeckOK StPO, § 261 Rn. 9.1; siehe auch *Wille*, Aussage gegen Aussage, S. 121 f., 126 f.
43 *Eschelbach*, in: BeckOK StPO, § 261 Rn. 10.4.
44 *Makepeace*, ZIS 2021, 489 (498); vgl. schon *Erb*, in: Festschrift für Stöckel, S. 181 (183); *Geipel*, StV 2008, 271 (272).
45 Näher *Vrij*, Detecting Lies and Deceit, S. 147 f., 162 f.

fach zufällig bekommen, wenn man eine Münze werfen würde".[46] Es ist daher durchaus selbstreflektiert und berechtigt, dass Berufsrichter nicht selten in sensiblen, schwierigen Beweissituationen, so z.B. bei den bereits genannten Aussage-gegen-Aussage-Situationen in Strafverfahren, wie sie Sexualdelikte typischerweise mitsichbringen, gerne „sicherheitshalber" aussagepsychologische Gutachten beiziehen,[47] zumal deren mithilfe wissenschaftlich ausdifferenzierter kriterienorientierter Inhaltsanalysen erzielte Ergebnisse selbst nach Meinung des *BGH* „deutlich über dem Zufallsniveau" liegen.[48] Empirisch lässt sich insofern auf die Meta-Studien von *Oberlader et al.*[49] und die Meta-Analyse von 20 Laborstudien von *Vrij*[50] verweisen, die aussagepsychologische Trefferquoten um die 70 % konstatieren. Die Ergebnisse sind allerdings aus methodischen Gründen nach unten zu relativieren[51] und sie offenbaren schon ohne dies, dass die Aussagepsychologie bzw. die Beiziehung von aussagepsychologischen Gutachten nicht ausreicht, um die Überzeugung von wahrer Aussage oder Lüge stets treffend zu erwirken.[52] Denn ersichtlich bedeuten die sachverständigen Trefferquoten nicht mehr, als dass sich zwar sieben von zehn Aussagen als

46 *Gamer*, zit. nach *Schmidt/Jähn*, Lügenerkennung – Die Lüge steht uns nicht ins Gesicht geschrieben, in: *MDR Online*, Artikel v. 28.5.2021, abrufbar unter https://www.mdr.de/wissen/luegenerkennung-die-luege-steht-uns-nicht-ins-gesicht-geschrieben-100.html (letzter Abruf: 12.5.2022); vgl. auch z.B. *Mihalcea*, zit. nach *Moore*, Lie-detecting software uses real court case data, in: *Michigan News*, Artikel v. 10.12.2015, abrufbar unter https://news.umich.edu/lie-detecting-software-uses-real-court-case-data (letzter Abruf: 12.5.2022): „just better than a coin-flip"; zum empirischen Hintergrund der Aussage ausführl. *Pérez-Rosas et al.*, in: ACM, ICMI '15, S. 59 (64 f.).

47 Näher jüngst wieder *Bublitz*, ZIS 2021, 210; siehe auch z.B. schon *Schmuck/Brügge-Niemann*, NJOZ 2014, 601 ff.

48 BGHSt 45, 164 (171); siehe auch *Köhnken/Gallwitz*, in: Deckers/Köhnken, Die Erhebung und Bewertung von Zeugenaussagen im Strafprozess, S. 17 (39); *Volbert/Steller*, European Psychologist 19 (2014), 207 (210).

49 *Oberlader et al.*, Law Hum Behav. 40 (2016), 440 (448, 452); dazu z.B. *Bublitz*, ZIS 2021, 210 (219).

50 *Vrij*, Detecting Lies and Deceit, S. 233 ff.

51 Näher *Makepeace*, ZIS 2021, 489 (497); so überdies selbst *Oberlader et al.*, Law Hum Behav. 40 (2016), 440 (444); siehe auch *Volbert/Steller*, European Psychologist 19 (2014), 207 (210); ein Grund ist die Einbeziehung von Studien, deren Trefferquoten vermittels sog. Diskriminanzanalysen berechnet wurden.

52 So auch *Bublitz*, ZIS 2021, 210 (215, 221); *Makepeace*, ZIS 2021, 489 (497).

richtig oder falsch erkennen lassen, dass aber auch in 30 % aller Fälle Gegenteiliges auftritt, also selbst der aussagepsychologische Gutachter falsch liegt. Bedenkt man nunmehr, dass Richter und naheliegender Weise ggf. ebenfalls andere Entscheider, etwa auch Arbeitgeber bei Mitarbeiterinterviews bei Internal Investigations, einem sachverständigen Gutachten typischerweise folgen,[53] wird mithin in drei von zehn Fällen eine bewusste Falschaussage, falsche Einlassung etc. einer Entscheidung zugrunde gelegt oder – vice versa – eine tatsächlich wahre Aussage nicht geglaubt.

53 Nach der Studie von *König/Fegert*, Fachzeitschrift der DGfPI 12 (2009), 16 (29), folgen Richter, wenn ihnen ein aussagepsychologisches Gutachten vorliegt, in ihrer Entscheidung zu 89 % dem Ergebnis der Begutachtung; dazu jüngst auch *Bublitz*, ZIS 2021, 210 (219); *Makepeace*, ZIS 2021, 489; ähnlich bereits *Busse/Volbert*, in: Greuel/Fabian/Stadler, Psychologie der Zeugenaussage, S. 131 (139 f.). Ferner belegt die Studie von *Jordan/Gresser*, DS 2014, 71 (75), für Bayern sogar eine Übereinstimmungsquote von 95,4 % und bei psychiatrischen Gutachten 100 %; siehe auch *Gerhold*, ZIS 2020, 431 (432). Eine ähnliche Studie von *Kassab/Gresser*, DS 2015, 268 (271) ergab für Österreich eine Übereinstimmungsquote von 96,5 %.

C. Legal Tech zum Erkennen von Wahrheit und Lüge bei Interviews

Vor dem umrissenen Hintergrund, also zum einen der arbeitsrechtlichen Auskunfts- und Wahrheitspflicht bei Interviews in Internal Investigations, zum anderen der Problematik um treffsicheres Erkennen von wahren und unwahren Aussagen, liegt der Gedanke nicht fern, das menschliche Vermögen unterstützende und über es hinausgehende Technik einzusetzen. Es sei daher nun der Blick auf Lügen- bzw. Wahrheitsdetektion mittels *Legal Tech* gelenkt, sprich Aussageprüfungen mittels sog. Lügendetektoren und speziell modernen Lügendetektionssystemen, die *Rodenbeck* jüngst im Rahmen einer stets schwelenden und gerade wieder aufgeflammten Diskussion[54] als „Lügendetektoren 2.0“[55] bezeichnete.

---

54 Siehe zur v.a. strafprozessrechtlichen Seite der Diskussion z.B. *Diemer*, in: KK StPO, § 136a Rn. 34; *Eisenberg*, Beweisrecht der StPO, Rn. 693 ff.; *Gerhold*, ZIS 2020, 431; *Momsen*, KriPoZ 2018, 142; *Monka*, in: BeckOK StPO, § 136a Rn. 27 ff.; *Nestler*, JA 2017, 10; *Putzke et al.*, ZStW 121 [2009], 607; *Rodenbeck*, StV 2020, 479; *Steller*, RuP 2018, 173; *Stübinger*, ZIS 2008, 538; *M. Wagner*, Polygraphie im Strafverfahren, passim; vgl. ferner *Staffler/Jany*, ZIS 2020, 164; aus den allgem. Medien ferner z.B. *Heller*, Lügendetektoren – Kann dieses Auge lügen?, in: *FAZ*, Artikel v. 12.10.2019, abrufbar unter https://www.faz.net/aktuell/wissen/kuenstliche-intelligenz-soll-luegendetektoren-endlich-praktikabel-machen-16408179.html; *Hipp/Winter*, Der erstaunliche Einsatz von Lügendetektoren an deutschen Gerichten, in: *DER SPIEGEL*, Artikel v. 2.11.2017, abrufbar unter https://www.spiegel.de/spiegel/der-erstaunliche-einsatz-von-luegendetektoren-an-deutschen-gerichten-a-1175643.html (jew. letzter Abruf: 12.5.2022); aus der diskussionsbeeinflussenden Rspr. insb. AG Bautzen, BeckRS 2013, 8655; dass., NJW-Spezial 2018, 90 (BeckRS 2017, 138202); dass., BeckRS 2018, 42301); zuvor insb. BVerfG, NJW 1982, 375; dass., BeckRS 1997, 14591; BGHSt 5, 332; BGHSt 44, 308; BGH, NStZ 2011, 474; ders., NJW 2003, 2527 (2258); ders., NJW 1999, 662; LG Wuppertal, NStZ-RR 1997, 75; AG Demmin, Urt. v. 7.9.1998, Az. 94 Ls 182/98.

55 *Rodenbeck*, StV 2020, 479.

I. Lügendetektionssysteme als „Legal Tech"

Der seit geraumer Zeit viel diskutierte Begriff *Legal Tech* bzw. *Legal Technology* ist „schillernd"[56] und ruft schon für sich genommen teilweise Skepsis hervor.[57] Eine feststehende Definition gibt es für *Legal Tech* nicht; vielmehr ist der Begriff ein „Sammelbecken" für Informationstechnik (IT) im juristischen Bereich,[58] also für IT-Produkte zur Fortentwicklung des Rechtssystems, insbesondere der Rechtsdienstleistungsbranche, durch Technisierung, Digitalisierung und Automatisierung.[59] Dabei geht es vor allem um Software, aber *Legal Tech* kann angesichts der Definitionsweite freilich auch Hardware sein, soweit diese im juristischen Bereich zum Einsatz kommt und Rechtsangelegenheiten technisiert, digitalisiert und automatisiert. Insofern gemeint ist jedoch nicht schlicht z.B. der Laptop, den ein Anwalt zum Verfassen von Schriftsätzen nutzt, wie es auch bei Software zu weit griffe, z.B. Microsoft Word als *Legal Tech* zu bezeichnen. Hier wie dort, also bei Legal-Tech-Software ebenso wie bei Legal-Tech-Hardware, muss eine gewisse Spezifitätshöhe des IT-Produkts vorhanden sein, d.h. ein in einem Mindestmaß besonderer Nutzen speziell für die Arbeit im Rechtsbereich. In diesem Rahmen sollte aber wiederum der Begriff der Informationstechnik nicht zu eng, d.h. nicht nur auf Digitales beschränkt gefasst werden, um auch analoge Technikprodukte des Rechtsbereichs zumindest in ihrer Eigenschaft als Vorgeschichte und

56 *Steinrötter/Warmuth*, in: Hoeren/Sieber/Holznagel, Multimedia-Recht, Teil 30 Rn. 1.

57 Siehe etwa *Hähnchen/Bommel*, JZ 2018, 334 (335): „Eine komplexe Idee wird [...] auf wenige Worte heruntergebrochen, wobei durch den Einsatz einer Fremdsprache von der übermäßigen Simplifizierung der zugrundeliegenden Gedanken abgelenkt werden soll." Vgl. überdies nur schon den *Luhmann* zugewiesenen, viel zitierten Satz: „Recht und Datenverarbeitung haben miteinander genauso viel zu tun wie Autos und Rehe: normalerweise gar nichts, nur manchmal stoßen sie zusammen" (*Luhmann*, zit. nach einem Vortrag v. *Fiedler*, berichtet v. *Konzelmann/Neuhorst*, JurPC 110/2003, Abs. 36; siehe auch *Fiedler*, in: Menzel et al., Zwischen Rechtstheorie und e-Government, S. 33).

58 *Grupp*, AnwBl 2014, 660; *J. Wagner*, Legal Tech, S. 2.

59 Näher zu Definitionen von „Legal Tech" z.B. *Hartung*, in: ders./Bues/Halbleib, Legal Tech, Rn. 17 ff.

Entwicklungsvorläufer von digitaler *Legal Tech* samt der in dieser Geschichte und Entwicklung steckenden Lehren und juristischen Fragestellen nicht leichtfertig und vorschnell auszuschließen, genauer: in aktuelle Überlegungen und Problemlagen einbringen zu können. Bleibt man gleichwohl bei einer moderneren und damit engen Auffassung des Begriffs der Informationstechnik, d.h., dass es Digitaltechnik sein muss, so verblieben zwar analoge Technikprodukte vom eigentlichen Begriff *Legal Tech* ausgespart, doch könnte man sich damit behelfen, analoge *Legal Tech* als „Legal Tech 0.0" oder „Legal Tech 0.1" zu bezeichnen. Es ist allerdings nicht zu übersehen, dass dem Begriff *Legal Tech* an sich keine Technikgrenzen gesetzt sind, nicht nach „oben", aber auch nicht nach „unten". Es sei mithin die Möglichkeit genutzt, dafür zu plädieren, auch analoge Technikprodukte einzubeziehen, soweit sie die übrigen Merkmale von *Legal Tech* erfüllen. Die typische Technikoffenheit von Legal-Tech-Definitionen und -Systematisierungen, zumal sie zumeist nur eine Technikoffenheit nach „oben" einbeziehen, sollte also um die konsequent-korrelierende Offenheit nach „unten" ergänzt erachtet sein. Darüber hinaus sei sich hier auch mit Blick auf sogleich noch Folgendes der griffigen und wohl bekanntesten Systematisierung von *Legal Tech* durch *Goodenough* angeschlossen, die Wirkungsphasen von *Legal Tech* mit Versionsnummern versieht (Legal Tech 1.0 bis 3.0).[60] Bei „Legal Tech 1.0" handele es sich

60 *Goodenough*, Legal Technology 3.0, in: *The Huffington Post*, Artikel v. 2.4.2015, abrufbar unter https://www.huffpost.com/entry/legal-technology-30_b_6603658 (letzter Abruf: 12.5.2022). – Eine andere Systematisierung von Legal Tech entstand beispielsweise im Rahmen einer Studie der *BCG* zusammen mit der *BLS* (*Veith et al.*, How Legal Technology Will Change the Business of Law, Hamburg 2016, abrufbar unter https://www.law-school.de/fileadmin/content/law-school.de/de/units/abt_education/pdf/Studien/Legal_Tech_Report_2016.pdf [letzter Abruf: 12.5.2022]); sie stellt nicht auf die Wirkung von Legal Tech ab, sondern fokussiert primär die Ebenen der zu lösenden technischen Aufgabenstellungen (Lösungsebenen). Der Vorteil dieses Systematisierungsansatzes ist, dass unterhalb von Legal Tech 1.0 liegende Bereiche miterfasst werden und dass daher eine letztlich deutlich breitere und umfassendere Kategorienbildung erreicht wird. Wieder andere, so z.B. *Breidenbach*, NJW-Sonderheft Innovationen & Legal Tech 2017, 28, klassifizieren Legal Tech nach groben Themenfeldern, wobei namentlich drei Hauptthemen (industrielle Rechtsdienstleistungen, KI und Blockchain) im Vordergrund stehen. Ferner existieren Ansätze, die die juristische Perspektive deutlicher betonen, was

um die Unterstützung des menschlichen Akteurs des Rechtssystems in seinem herkömmlichen Tun,[61] bei „Legal Tech 2.0" um die Ersetzung einzelner menschlicher Akteure des Rechtssystems, also die Ersetzung einzelner juristischer Arbeitsbereiche- oder -schritte,[62] und bei „Legal Tech 3.0" schließlich, allerdings noch weitgehend fiktional, um die Veränderung des gesamten Rechtssystems samt Infragestellung des Menschen als zentrale Figur der Erbringung juristischer Tätigkeiten bzw. als Erbringer aller juristischen Arbeitsschritte.[63]

Blickt man unter Zugrundelegung vorstehender Ausführungen nun auf die sog. Lügendetektoren und ihren (tatsächlichen oder potenziellen) Einsatz bei staatlichen oder privatwirtschaftlichen Rechtsangelegenheiten, leuchtet es ein, dass *Rodenbeck*, wenngleich er es bedauerlicherweise nicht näher erläuterte, aktuelle, moderne Lügendetektoren als „Lügendetektoren 2.0"[64] bezeichnete, zumal sie – so viel sei hier schon erwähnt (näher sogleich unten) – digital und mit Künstlicher Intelligenz ausgestattet funktionieren, und dass klassische Lügendetektoren, also die seit Jahrzehnten bekannten analogen physiopsychologischen Polygraphen („Vielschreiber"), entsprechend „Lügendetektoren 1.0" sind. Denn „Lügendetektoren 1.0" können unabhängig von ihrer nur analogen Technik als „Legal Tech 1.0" und die modernen

die Zugänglichkeit für Juristen steigert, so etwa der Ansatz von *J. Wagner*, Legal Tech, S. 16 f., der eine Einteilung von Legal Tech nach den Auswirkungen auf den „Kern der juristischen Tätigkeit" vornimmt, genauer: eine Orientierung an den Kernarbeitsschritten des Juristen, namentlich Sachverhaltsaufklärung, juristische Recherche, Subsumtion und rechtliche Beurteilung, Vertrags- und sonstige rechtliche Gestaltung sowie Transaktions- und Verfahrenshandlungen.

61 „In 1.0, technology empowers the current human players within the current system. Applications here include computer assisted legal research, document production, practice management and early e-discovery" (*Goodenough*, a.a.O.).

62 „In 2.0, technology replaces an increasing number of the human players within the current system, becoming disruptive. In e-discovery, for instance, machine learning approaches are subtracting the document review jobs that the 1.0 stage created (*Goodenough*, a.a.O.).

63 „We are […] fast approaching 3.0, where the power of computational technology for communication, modeling and execution permit a radical redesign, if not a full replacement, of the current system itself. […] Aspects of 3.0 sound a bit like science fiction, but so did the functionality of a smart phone a few years ago" (*Goodenough*, a.a.O.).

64 *Rodenbeck*, StV 2020, 479.

„Lügendetektoren 2.0" als „Legal Tech 2.0" eingeordnet werden. Es kommt – infolge der wie erläutert sinnvollen Technikoffenheit des Legal-Tech-Begriffs nach „unten" und „oben" – bei der Versionierung eben nur auf die (potenziell einsetzbare oder tatsächlich bereits eingesetzte) Wirkung des Legal-Tech-Produkts an, so auch bei Lügendetektoren. Entscheidend ist es mithin, dass der klassische „Lügendetektor 1.0" den menschlichen Aussagepsychologen in seinem herkömmlichen Tun nur unterstützt, aber – zumal die polygraphischen Ergebnisse zu interpretieren sind[65] – nicht entbehrlich macht, wohingegen ein künstlich intelligenter „Lügendetektor 2.0" idealiter selbst interpretiert und damit den menschlichen Aussagepsychologen, wenn auch nicht den Richter oder andere Letztentscheider wie z.B. Arbeitgeber bei Internal Investigations, durchaus zu ersetzen vermag.

II. „Lügendetektion 1.0" – Systeme mit analoger Polygraphie

1. Technik und Funktionsweise

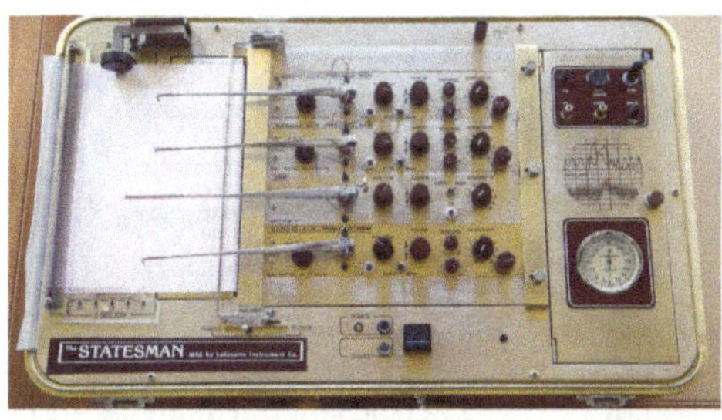

Abbildung 1: Foto eines Polygraphen („Lügendetektor") der Firma *Lafayette Instrument* (Indiana, USA), Modell *The Statesman*, der im Verfahren des AG Bautzen, BeckRS 2018, 42301, eingesetzt wurde

Der klassische „Lügendetektor" ist ein technisch analog funktionierender Vielschreiber (Polygraph), der bereits vor rund 100 Jahren erfunden wurde und bis heute in ganz ähnlicher Konzeption besteht (siehe Abbildung 1).[66] Das Gerät wird an den mensch-

65 Näher *Putzke et al.*, ZStW 121 (2009), 607 (625); *Undeutsch*, FamRZ 1996, 329 (331).

66 Zur Geschichte und Entwicklung des „Lügendetektors" ausführl. *Alder*, The Lie Detectors, passim; *Bunn*, The Truth Machine, passim; *Iken*, Unehrliche Haut, in: *DER SPIEGEL*, Artikel v. 3.2.2015, abrufbar unter https://www.spiegel.de/geschich

lichen Körper angeschlossen und misst mittels Sensoren körperliche Vorgänge, die der bewussten bzw. direkten willentlichen Kontrolle des Untersuchten weitgehend entzogen sind. In der Regel werden in wechselnder Zusammenstellung Werte für Veränderungen von arteriellem Blutdruck, Herz- und Pulsfrequenz, Atemfrequenz und -amplitude sowie elektrischer Leitfähigkeit der Haut, ferner teils auch von Muskelspannungen und Oberflächentemperaturen des Körpers erfasst[67] und auf einem mitlaufenden, mit einem Linienraster versehenen Papierstreifen graphisch dargestellt.[68] Während der Messungen werden vom Untersuchenden – einem spezifisch geschulten physiologischen Psychologen[69] – Fragen gestellt, die der Untersuchte durchgängig verneinen (dies ist die Regel) oder bejahen muss.[70] Der Inhalt der Fragen hängt vom angewendeten Testverfahren ab. Insoweit werden im Wesentlichen der sog. Kontrollfragentest (mit der Modifizierung in der Form der „gerichteten Lügenkontrollfragentechnik") und der sog. Tatwissentest eingesetzt. Beide Verfahren zielen auf das Hervorrufen unterschiedlich starker vegetativer Reaktionen nach einerseits für den Tatvorwurf relevanten Reizen und andererseits nach Vergleichsreizen ab.[71]

te/erfindung-des-luegendetektors-a-1016243.html (letzter Abruf: 12.5.2022); siehe überdies *Hipp/Winter*, in: *FAZ*, Artikel v. 12.10.2019 (oben Fn. 54).

67 Zur neuropsychologischen Fortentwicklung der Untersuchungsmethode in Form von Hirnstrommessungen schon z.B. *Dahle/Lehmann*, in: BAV, Neue Vernehmungsmethoden, S. 48 (75 ff.).

68 Hierzu und zum Folgenden BGHSt 44, 308 (313); siehe auch und näher z.B. *Berning*, MschrKrim 1993, 242; *Momsen*, KriPoZ 2018, 142; *Nestler*, JA 2017, 10 f.; *Putzke et al.*, ZStW 121 (2009), 607 (610 ff.); *Rill/Vossel*, NStZ 1998, 481; *Undeutsch*, FamRZ 1996, 329 (330 f.).

69 Näher *Putzke et al.*, ZStW 121 (2009), 607 (625); *Undeutsch*, FamRZ 1996, 329 (331).

70 Vgl. *Berning*, MschrKrim 1993, 242 ff.

71 Die Verfahren differieren hinsichtlich der zugrunde liegenden Erklärungsmodelle sowie der wissenschaftlichen Fundierung erheblich; dazu näher und m.w.N. BGHSt 44, 308 (313 ff.).

2. Validitätsquoten und Nutzungsentwicklung

Schon in den 1990er Jahren konstatierten Befürworter des Lügendetektors wie insbesondere *Undeutsch*, Direktor des *Instituts für Psychologische Diagnostik und Intervention* der *Universität zu Köln* und versierter Gerichtspsychologe, Trefferquoten von zumindest 70 bis 90 %.[72] Teilweise existierten sogar Laborstudien von psychologischen Instituten verschiedener Universitäten, die „in den Fällen, in denen die Polygraph-Untersuchung zu einem eindeutigen Ergebnis geführt hat, Trefferquoten von 97 % bei Personen, die die Begehung der aufzuklärenden Tat(en) wahrheitswidrig verneint haben (= Tätergruppe), und 93 % bei Personen, die die Begehung der Straftat(en) wahrheitsgemäß verneint haben (= Gruppe der Nicht-Täter), ergeben", so *Undeutsch*, und Überprüfungen der Trefferquote bei tatsächlichen Beschuldigten in Ermittlungsverfahren hätten 95 % Treffer für die Tätergruppe und 96 % für die Gruppe der Nicht-Täter belegt.[73] Skeptiker überzeugte diese Datenbasis allerdings nicht, so insbesondere den 1. Strafsenat des *BGH*. Dieser hatte schon rund 40 Jahre früher in seiner ersten Grundlagenentscheidung vom 16. Februar 1954 (BGHSt 5, 332)[74] zwar vornehmlich juristisch auf einen durch Lügendetektoren erfolgenden „Einblick in die Seele" des Menschen abgestellt, der die Freiheit der Willensentschließung und -betätigung verletze und generell „ohne Rücksicht auf [e]in Einverständnis unzulässig" sei, aber zugleich, wenn auch nur beiläufig seine Zweifel an der „entgegen dem Stande der Wissenschaft" behaupteten „gesicherten Erkenntnis" bemerkt. In der zweiten Grundlagenentscheidung vom 17. Dezember 1998 (BGHSt 44, 308) hieß es sodann nicht nur deutlicher, sondern vor allem, Lügendetektortests begegneten selbst noch „nach dem jetzigen Stand der wissenschaftlichen Forschung [...] so tiefgreifenden

72 *Undeutsch*, zit. nach BGHSt 44, 308 (323); vgl. auch die Zusammenstellung bei *Eisenberg*, Beweisrecht der StPO, 2. Aufl. (1996), Rn. 694, dort Fn. 76.

73 *Undeutsch*, FamRZ 1996, 329 (331); aus der damaligen Lit. ferner z.B. *Salzgeber/Stadler/Vehrs*, PdR 1997, 213 ff.

74 Entspr. BGHSt 5, 332 noch BVerfG, NJW 1982, 375; vgl. aber sodann auch BVerfG, BeckRS 1997, 14591.

Bedenken, daß ihnen im Ergebnis ein auch nur geringfügiger Beweiswert und damit eine (minimale) indizielle Bedeutung nicht zukommt". Es liege jedenfalls keine „hinreichend breite Datenbasis" vor, die belege, dass bestimmte gemessene Körperreaktionen mit dem Verhalten einer wahren oder unwahren Äußerung „in hohem Maße zusammenhängen".[75] In den folgenden Jahren kamen allerdings weitere Studien hinzu, die, so *Putzke et al.*, nun jedenfalls eine „hinreichend breite Datenbasis" seien und den „in hohem Maße" bestehenden Zusammenhang zwischen Körperreaktionen und wahren/unwahren Äußerungen belegten.[76] *Putzke et al.* verwiesen insofern u.a. auf *Raskin/Honts*, die Untersuchungen an realen Verdächtigen durchgeführt hatten und – belegt durch den Ausgang des jeweiligen Strafverfahrens – eine Trefferquote von durchschnittlich 95 Prozent für Fälle bei später als Täter erwiesenen Personen und 97 Prozent bei tatsächlich unschuldigen Personen vorweisen konnten.[77] Es handele sich beim Lügendetektortest jedenfalls um ein „Testverfahren, das anderen psychologischen Diagnoseverfahren mit Blick auf Treffgenauigkeit und empirische Fundierung überlegen ist", so *Putzke et al.*[78], und selbst renommierte Be-

75 Dazu und m.w.N. näher BGHSt 44, 308 (323 ff.).

76 *Putzke et al.*, ZStW 121 (2009), 607 (625); vgl. zur Validität auch *Rill*, Forensische Psychophysiologie, S. 213.

77 Siehe *Raskin/Honts*, in: Kleiner, Handbook of Polygraph Testing, S. 1 (33, Tab. 1.10); eingeh. *Honts/Raskin/Kircher*, in: Faigman et al., Modern Scientific Evidence, Bd. 5, S. 198 ff.; siehe auch die Simulationsstudie von *Offe/Offe*, MschrKrim 2004, 86 ff., mit 65 Versuchspersonen zur Bedeutsamkeit der Vergleichsfragen; siehe ferner die Übersicht bei *Honts/Raskin/Kircher*, a.a.O. (209). Zu Fragen der Realitätsnähe von Experimenten und zu Außenkriterien bei Feldstudien *Dettenborn*, FPR 2003, 559 (562).

78 *Putzke et al.*, ZStW 121 (2009), 607 (624); vgl. auch *Steller*, in: Salzgeber/Stadler/Willutzki, Polygraphie, S. 31 (42): „Es gibt keine andere Methodengruppe, die derart umfangreich empirisch überprüft wurde wie die psychophysiologische Aussagebeurteilung"; vgl. aus der kontemporären Lit. auch *Salzgeber*, Familienpsychologische Gutachten, 4. Aufl. (2005), S. 260: „Der Polygraph ist kein 100 %ig sicheres Verfahren, er ist aber dennoch wesentlich valider als die meisten anderen psychologischen Verfahren, insbesondere als die, die ansonsten bei diesen Fragestellungen zum Einsatz kommen"; in diesem Sinne auch schon *Berning*, MschrKrim 1993, 242 (254); *Endres/Scholz*, NStZ 1994, 466 (473); *Meyer-Mews*, NJW 2000, 916 (917 f.); *Putzke/Scheinfeld*, Strafprozessrecht, 1. Auf. (2005), S. 51; *Steller/Dahle*, PdR 1999 (Sonderheft), 127 (168, dort Fn. 89); *Undeutsch/Klein*, PdR 1999 (Sonderheft), 45 (86).

weisrechtskommentatoren konstatierten, Lügendetektortests schienen „zumindest auch nicht weniger zuverlässig als manche andere Untersuchungsmethode [...] zu sein" (*Eisenberg*[79]). Dem Votum des 1. Strafsenats des *BGH* schlossen sich gleichwohl der 3. Strafsenat im Jahr 1999[80] und der 6. Zivilsenat im Jahr 2003[81] an. Und noch im Jahr 2010 hielt der 1. Senat an seiner Sicht aus dem Jahr 1998 fest: „[G]egen einen auch nur geringfügigen indiziellen Beweiswert des Ergebnisses einer mittels eines Polygraphen vorgenommenen Untersuchung bestehen die im Urteil des Senats vom 17.12.1998 [...] dargelegten [...] Einwände [...] uneingeschränkt weiter."[82] Im Jahr 2014 schloss sich ferner der 2. Senat des *BVerwG* der Sicht der *BGH*-Senate an.[83]

Die höchstgerichtliche Verwerfung der polygraphischen Untersuchungsmethode darf nun allerdings nicht übersehen lassen, dass sie gleichwohl „von Staatsanwälten [... und] von manchen Tatrichtern, in deren Urteilen die polygraphische Untersuchung zwar entweder nicht erwähnt oder ausdrücklich als irrelevant abgetan wird, in Wahrheit und insgeheim aber ein gewichtiges Indiz darstellt", genutzt werde, so *Putzke et al.*[84] Das gedankliche Prinzip ist dabei einfach: Seit BGHSt 44, 308 ist ein Lügendetektortest vor Gericht zwar ein formal nicht verwertbares Beweismittel, aber der Test ist auch nicht, genauer: nicht mehr per se verboten, wie es noch BGHSt 5, 332 ausgeurteilt hatte, und so „kann man ihn ja trotzdem anwenden und die Ergebnisse zur Kenntnis nehmen – auch wenn man dann andere Gründe benennt, warum ein Angeklagter freigesprochen oder verurteilt wird"[85]. Darüber hinaus machte aber in den 2010er Jahren das *AG Bautzen* über die juristischen Fachmedien hinaus von sich reden,[86] zumal es sach-

---

79 *Eisenberg*, Beweisrecht der StPO, 6. Aufl. (2008), Rn. 694.

80 BGH, NJW 2003, 2527 (2258); vgl. auch schon BGH, NJW 1999, 662 f.

81 BGH, NJW 1999, 2199, wobei das Zitierte dort redaktionell ausgespart ist, aber sich abgesehen vom Original-Urteilslangtext berichtet findet bei *Kusch*, NStZ-RR 2000, 33 (35).

82 BGH, NStZ 2011, 474 (475).

83 BVerwG, NVwZ-RR 2014, 887 f.

84 So und näher samt div. Rspr.-Nachw. *Putzke et al.*, ZStW 121 (2009), 607 (608 f.).

85 *Hipp/Winter*, in: *FAZ*, Artikel v. 12.10.2019 (oben Fn. 54).

86 Siehe *Hipp/Winter*, in: *FAZ*, Artikel v. 12.10.2019 (oben Fn. 54).

verständige Lügendetektortests in straf- und familienrechtlichen Sachen zur Entlastung von Sexualvorwürfen sogar wieder offiziell einsetzte, zuletzt, soweit ersichtlich, im Jahr 2018.[87] Hinsichtlich der Validität von Polygraphentests verwies das *AG Bautzen* auf unterschiedliche neuere Studien, u.a. die US-amerikanische Feldstudie von *Bonpasse* aus dem Jahr 2013, die in Zusammenarbeit mit dem *National Registry of Exonerations* als einem Gemeinschaftsprojekt der *Northwestern University* und der *University of Michigan Law School* zur Erfassung nachträglich aufgrund von DNA-Beweisen freigesprochener und aus der Haft entlassener Personen entstanden war und durch deren Daten, so das *AG Bautzen*, „der Nachweis einer bedeutend hohen Trefferquote einmal mehr untermauert worden" sei.[88] *Bonpasse* hatte 215 Fälle recherchiert, in denen physiopsychologische Untersuchungen an Beschuldigten und anderen Verfahrensbeteiligten durchgeführt und die Beschuldigten nachträglich freigesprochen worden waren. In 147 dieser Fälle waren es die später Freigesprochenen, die sich dem Polygraphentest unterzogen hatten, wobei dieser stets vor der Gerichtsverhandlung durchgeführt, aber nicht immer in diese eingeführt worden war. In 116 der 147 Fälle, mithin rund 80 Prozent, wurde ein klar richtiges Testresultat („clear correct result") erzielt und diese Zuverlässigkeitsquote, so *Bonpasse*, liege auch im Bereich der von der *American Polygraph Association (APA)* angegebenen[89] Zuverlässigkeitsquoten.[90] *Bonpasse* merkte dabei an, dass im Rahmen der Recherche nicht stets nachvollziehbar gewesen sei, ob die jeweiligen Polygraphentests in jeder Hinsicht wissenschaftlichen Standards genügt hätten.[91] Die eigentliche Zuverlässigkeitsquote des Polygraphentestverfahrens erach-

87 AG Bautzen, BeckRS 2018, 42301; zuvor schon dass., BeckRS 2017, 138202 (NJW-Spezial 2018, 90); dass., BeckRS 2013, 8655; dass., BeckRS 2013, 16541.

88 Hierzu und auch zum Folgenden AG Bautzen, BeckRS 2018, 42301, Rn. 31 ff.; ebenso schon AG Bautzen, BeckRS 2017, 138202 (NJW-Spezial 2018, 90), Rn. 42 f.

89 Dazu näher unter https://www.polygraph.org/polygraph-validity-research (letzter Abruf: 12.5.2022).

90 *Bonpasse*, Polygraph 42 (2013), 112 (114).

91 „A significant difficulty in the researching […] was the quality of the information about the use of polygraphs, when such use was mentioned at all. […] Were the examiners properly trained? Where the pre-interviews fairly conducted and were the questions objectively prepared? Even when polygraph examinations were

tete *Bonpasse* noch weitaus höher, d.h. bei 90 Prozent und mehr, und der Polygraph könne mithin als „a forensic tool, like fingerprints and DNA collection“ angesehen werden.[92] Diesen Erkenntnissen pflichtete das *AG Bautzen* bei und konstatierte: „Die [...] in der Feldstudie von Bonpasse mit rund 80 Prozent geringere Trefferquote im Vergleich zu Laboruntersuchungen lieg[t] dennoch deutlich über der Zufallswahrscheinlichkeit und steh[t] herkömmlichen psychodiagnostischen Gutachten schon allein aufgrund höherer Validität in nichts nach [...].“ Nicht anders heißt es immer wieder auch von anderen Befürwortern polygraphischer Untersuchungen, diese seien trotz einer gewissen Unsicherheit jedenfalls gegenüber aussagepsychologischen Gutachten „deutlich zuverlässiger“.[93] So erstaunt es nicht, dass nebst dem *AG Bautzen* auch weitere Gerichte, insbesondere in familienrechtlichen Verfahren, Lügendetektortests einsetzen und es selbst obergerichtlich heißt, so das *OLG Dresden*,[94] „[d]ie Untersuchung mit einem Polygraphen ist im Sorge- und Umgangsrechtsverfahren ein geeignetes Mittel, einen Unschuldigen zu entlasten“. Die in Deutschland für diese Polygraphentests neben *Undeutsch* wohl bekannteste Physiopsychologin ist *Klein*.[95] Sie erstattete nach eigenen Angaben allein bis zum Jahr 2017 zusammen mit *Undeutsch* „mehrere Hundert Polygrafen-Gutachten

properly conducted, it was not always clear that the reporting of the results was accurate" (*Bonpasse*, Polygraph 42 [2013], 112 [115]).

92 *Bonpasse*, 80 Proposals to STOP wrongful Convictions, S. 115.

93 *Putzke*, zit. nach *Hipp/Winter*, in: *FAZ*, Artikel v. 12.10.2019 (oben Fn. 54).

94 OLG Dresden, BeckRS 2013, 16540; ebenso OLG Dresden, Beschl. v. 5.12.2013, Az. 20 UF 877/13; nicht anders schon OLG München, FamRZ 1999, 674: „[D]ie Untersuchung mit einem Polygraphen [bietet] eine sichere und schnelle Entscheidungshilfe zur Erfassung wahrheitsgemäßer Aussagen. [...] Auf Grund der wissenschaftlichen Forschungen bietet die Untersuchung mit dem Polygraphen einen sehr hohen Wahrscheinlichkeitsbeweis, wenn sie zum Ergebnis kommt, daß der Verdächtige unschuldig ist. Ergibt die Untersuchung dagegen, daß der Proband die tatbezogenen Fragen [...] nicht wahrheitsgemäß beantwortet hat, besteht kein sicherer Nachweis, daß er die Taten tatsächlich begangen hat, sondern nur eine Wahrscheinlichkeit hierfür [...]. Dies bedeutet im Ergebnis, daß der Proband dann seine Unschuld mit dieser Untersuchung nicht beweisen konnte.“ Vgl. auch z.B. schon OLG Bamberg, NJW 1995, 1684; näher ferner *Salzgeber/Stadler/Vehrs*, PdR 1997, 213 ff.; *Undeutsch*, FamRZ 1996, 329 ff.

95 Näher zur Person unter www.gisela-klein.de (letzter Abruf: 12.5.2022).

gegenüber der Justiz, vor allem in Familiensachen, einige Dutzend auch in Strafverfahren", u.a. in den besonders bekannten Fällen *Wörz* und *Türck*. *Undeutsch* und *Klein* prüften ferner z.B. auch die Aussagen des Langstreckenläufers *Baumann* und dessen Frau, als diese sich gegen Dopingvorwürfe verwehrten. Insgesamt, so *Klein*, habe sie in Praxisgemeinschaft mit *Undeutsch*, nach dessen Tod im Jahr 2013 sodann alleine fast 1.400 polygraphische Untersuchungen in Deutschland durchgeführt, davon „oft in privatem Auftrag oder für Firmen".[96]

III. „Lügendetektion 2.0" – Systeme mit „Künstlicher Intelligenz"

Gerade der Begriff *Legal Tech* ist nun ein Begriff, der im Kontext der rasant fortschreitenden Digitalisierung bzw. *digitalen* Technisierung steht und dabei zugleich mit der Entwicklung dessen verknüpft ist, was als *Künstliche Intelligenz*, kurz *KI*, bezeichnet wird bzw. technisch möglich ist. Nicht nur im Allgemeinen verspricht digitale *Legal Tech*, wenngleich der Begriff teils auch zu Mode- und Marketingzwecken sehr weitläufig genutzt wird,[97] völlig neue technische Ansätze und Möglichkeiten,[98] vielmehr lässt sich dieser Gedanke auch speziell auf die Untersuchung des Wahrheitsgehalts von Aussagen, sprich die Wahrheits- bzw. Lügendetektion übertragen.[99] Tatsächlich gibt es bereits einige KI-basierte Ansätze, die geeignet erscheinen, die Glaubhaftigkeitsbeurteilung von Aussagen weiter zu erleichtern, treffsicher(er) zu machen und sogar selbstständig vorzunehmen. Es geht daher hier zumindest letztlich – entsprechend der eingangs unter C.I. erläuterten

---

96 *Klein*, zit. nach *Hipp/Winter*, in: *FAZ*, Artikel v. 12.10.2019 (oben Fn. 54).

97 Vgl. nur z.B. *Breidenbach/Glatz*, in: dies., Legal Tech, Kap. 1.1 Rn. 1 (S. 1), nach denen *Legal Tech* „Karriere" macht.

98 Zu Einsatzbereichen und Anwendungsbeispielen von *Legal Tech* im guten Überblick *J. Wagner*, Legal Tech, S. 19 ff.; ausführl. ferner die Beiträge in *Breidenbach/Glatz*, Legal Tech, Kap. 5 (S. 119 ff.); speziell zu den Möglichkeiten des Einsatzes von *KI* im Strafrechtsbereich jüngst *Staffler/Jany*, ZIS 2020, 164 (167 ff.).

99 Vgl. *Gerhold*, ZIS 2020, 431 f.; *Rodenbeck*, StV 2020, 479; dies übersehend *Staffler/Jany*, ZIS 2020, 164 ff.; zu eng auch der Blick von *Momsen*, KriPoZ 2018, 142 ff.

Versionierung entlang derjenigen von *Legal Tech* – um „Lügendetektionssysteme 2.0“.

1. Technik und Funktionsweise

Soweit, wie bereits oben unter C.I. angesprochen, *Legal Tech* als schillernd betrachtet wird, liegt dies nicht zuletzt daran, dass eine Zentralfacette der modernen Legal-Tech-Entwicklung *Künstliche Intelligenz (KI)* ist, mithin ein Begriff, der schon aufgrund von Büchern und Filmen, so etwa *Asimovs* Werken *I, Robot* (1950) oder *The Bicentennial Man* (1976) respektive der späteren filmischen Umsetzungen mit Schauspielstar *Williams* im Jahr 1999 bzw. *W. Smith* im Jahr 2004, geradezu mystische Züge hat und zudem wie kaum anderes für das Entwicklungsstreben der heutigen Digitalgesellschaft steht. Dies wie auch der Umstand, dass der Begriff *KI* längst durchaus inflationär selbst zum Zwecke von Marketing und Werbung[100] genutzt wird, macht nun zunächst eine Vorbemerkung erforderlich, was unter *KI* überhaupt und so auch im Zusammenhang mit den sodann betrachteten „Lügendetektionssystemen 2.0“ zu verstehen ist.

a. Vorbemerkung zu „Künstlicher Intelligenz“ („KI“)

Als Mitte des 20. Jahrhunderts das Potenzial von technischen[101] Computern (dtsch. Rechnern) deutlich wurde, begann zugleich, dass sich

100 Vgl. *Staffler/Jany*, ZIS 2020, 164.

101 Der Begriff „Computer“ leitet sich vom engl. Verb „to compute“ bzw. dem lat. „computare“ ab, das übersetzt „zusammenrechnen“ bedeutet. „Computer“ war allerdings ursprünglich kein technischer Begriff, sondern die Berufsbezeichnung für zumeist weibliche Hilfskräfte, die immer wiederkehrende astronomische, ballistische oder ähnliche Berechnungen im Auftrag von Mathematikern (z.B. bei der *NASA*) ausführten und mit ihren Berechnungen Tabellen wie Logarithmentafeln füllten. Näher jüngst *Al-Youssef*, IT-Geschichte: Frauen regierten einst die Informatik – dann war Geld im Spiel, in: *Der Standard*, Artikel v. 7.3.2019, abrufbar unter https://www.derstandard.de/story/2000099056611/frauen-regierten-einst-die-informatik-dann-war-geld-im-spiel (letzter Abruf: 12.5.2022).

KI zu einem Themengebiet der Informatik entwickelte.[102] Als „Vater" der *KI* gilt *Minsky*, der seinerzeit Mitbegründer des Labors für *KI* am *Massachusetts Institute of Technology (MIT)* war und den Begriff, freilich in seiner englischen Version (*Artificial Intelligence, AI*), gemeinsam mit *McCarthy*, *Rochester* und *Shannon* in Vorbereitung eines im Jahr 1956 am *Dartmouth College* abgehaltenen Workshops popularisierte. Dabei wurde *KI* als Forschungsgebiet dergestalt visioniert, dass eines Tages Maschinen sprechen, abstrakte Konzepte entwickeln und Probleme lösen, deren Lösung bisher nur Menschen möglich war, und sich selbst verbessern können sollten,[103] also „Maschinen mit Fähigkeiten auszustatten, die intelligentem (menschlichem) Verhalten ähneln" (*J. Wagner*[104]). Der Begriff *KI* bezeichnet mithin „das automatisierte Verhalten bzw. die Fähigkeit von Maschinen, mittels komplexer Algorithmen menschliches Entscheidungsverhalten „nachzuahmen" (*Staffler/Jany*[105]). Technisch-prinzipiell steht dahinter, dass die Maschine nicht mehr aufgrund eines vorgegebenen Protokolls („wenn-dann"-Relation) entscheidet, sondern dass sie aus einer nahezu endlos großen Menge an Möglichkeiten reagiert. Dies generiert die Fähigkeit der Maschine, Abweichungen von der Norm im Entscheidungsfindungsprozess mit einzubeziehen, und es kann ein besonderes Repertoire an Problemlösungen gebildet werden. Die KI-Leistung, Daten und Informationen mittels Algorithmen zu analysieren, ist also „durch Autonomie charakterisiert", so die Pointierung von *Staffler/Jany*.[106] Das System habe die Fähigkeit, in unbekannten (a priori nicht festgelegten)

---

102 Hierzu, zum Folgenden und zur Geschichte der KI-Forschung im Ganzen näher z.B. *Burgstaller/Hermann/Lampesberger*, Künstliche Intelligenz, S. 1 ff.; *Ertel*, Künstliche Intelligenz, S. 6 ff.

103 Siehe *McCarthy et al.*, AI Magazine 27 (1955), 12 ff.; näher z.B. *Burgstaller/Hermann/Lampesberger*, Künstliche Intelligenz, S. 3; *Kaulartz/Braegelmann*, in: dies., Artificial Intelligence, Kap. 1 Rn. 15 ff.; *J. Wagner*, Legal Tech, S. 60.

104 *J. Wagner*, Legal Tech, S. 60.

105 *Staffler/Jany*, ZIS 2020, 164 (165).

106 Hierzu und zum Folgenden *Staffler/Jany*, ZIS 2020, 164 (165); vgl. ferner z.B. *Fateh-Moghadam*, ZStW 131 (2019), 863 (875 f., 878); *Yuan*, RW 2018, 477 (481); anders z.B. noch *Hilgendorf*, in: Beck, Jenseits von Mensch und Maschine, S. 119 (120 Fn. 2), nach dem Autonomie im technischen Sinne die im Einzelfall vorliegende Unabhängigkeit von menschlicher Eingabe meint.

Rahmen im Sinne der festgelegten Zielsetzung zu agieren, indem es die neue Umgebung erfasse und das bisherige Know-How auf der Grundlage des neu generierten Umgebungswissens anpasse. Das wesentliche Charakteristikum von *KI* ist mithin, dass sie die ihr zunächst zugrunde gelegten Algorithmen eigenständig, d.h. ohne weiteres menschliches Zutun, anpassen kann und gar in der Lage ist, selbstständig Algorithmen zu entwerfen.

Der so absteckbare Begriffsrahmen darf gleichwohl nicht darüber hinwegtäuschen, dass es bis heute keine allgemeingültige bzw. von allen Akteuren konsistent genutzte Definition von *KI* gibt[107] und dass es vielmehr eine höchst weitläufige KI-Begriffsdiskussion gibt.[108] Überzeugend ist es allerdings, weniger auf die konkrete Technik, sondern auf das Können des potenziell als *KI* erachteten Systems zu schauen und, wenngleich noch immer sehr abstrakt, zwischen „starker" und „schwacher" *KI* zu differenzieren:[109] Während ein „starkes" KI-System, das wohl frühestens in 50 Jahren umsetzbar sein dürfte,[110] dem Menschen in seinen intellektuellen Fähigkeiten vollumfänglich entsprechen oder ihn sogar übertreffen können soll, ist eine „schwache" KI, so die offizielle Formulierung der *BReg*, „fokussiert auf die Lösung kon-

107 Siehe statt vieler z.B. *Ertel*, Künstliche Intelligenz, S. 1 ff.; *Kaulartz/Braegelmann*, in: dies., Artificial Intelligence, Kap. 1 Rn. 2 ff.; *Staffler/Jany*, ZIS 2020, 164; *J. Wagner*, Legal Tech, S. 60; ferner auch *BReg*, Strategie Künstliche Intelligenz, Positionspapier v. November 2018, abrufbar unter https://www.bmbf.de/bmbf/de/forschung/digitale-wirtschaft-und-gesellschaft/kuenstliche-intelligenz/kuenstliche-intelligenz.html (letzter Abruf: 12.5.2022), S. 4.

108 Vgl. nur z.B. *Jefferis*, Künstliche Intelligenz, passim (Untertitel des Werkes: „Vom Taschenrechner bis zum Androiden").

109 So insb. *BReg*, Strategie Künstliche Intelligenz (oben Fn. 107), S. 4; ferner z.B. *Burgstaller/Hermann/Lampesberger*, Künstliche Intelligenz, S. 12 f.; *Fateh-Moghadam*, ZStW 131 (2019), 863 (879); *Staffler/Jany*, ZIS 2020, 164 (165 f.); *J. Wagner*, Legal Tech, S. 61; vgl. auch *HLEG AI*, A Definition of AI: Main Capabilities and Scientific Disciplines, Positionspapier v. 18.12.2018, abrufbar unter https://ec.europa.eu/futurium/en/system/files/ged/ai_hleg_definition_of_ai_18_december_1.pdf (letzter Abruf: 12.5.2022), S. 6, die allerdings anstatt „weak AI" und „strong AI" die Bezeichnung „narrow AI" und „general AI" bevorzugt.

110 So *Wieczorek*, der *Head of Machine Learning* von *SAP*, zit. nach *Heinrich-Böll-Stiftung*, Künstliche Intelligenz, Artikel v. 18.1.2019, abrufbar unter https://www.boell.de/de/2019/01/18/kuenstliche-intelligenz-wer-traegt-die-verantwortung (letzter Abruf: 12.5.2022); ebenso z.B. *Rodenbeck*, StV 2020, 479 (481).

kreter Anwendungsprobleme auf Basis der Methoden aus der Mathematik und Informatik, wobei die entwickelten Systeme zur Selbstoptimierung fähig sind [... und] Aspekte menschlicher Intelligenz nachgebildet und formal beschrieben bzw. Systeme zur Simulation und Unterstützung menschlichen Denkens konstruiert [werden]".[111] Die dahinterstehenden Techniken und Konzepte enumerierte die *EU-Kommission* in ihrem jüngst im Jahr 2021 veröffentlichten *Vorschlag für ein Gesetz über Künstliche Intelligenz – KIG*, dort in Anhang I zu Art. 3 Nr. 1,[112] wie folgt: „Konzepte des maschinellen Lernens, mit beaufsichtigtem, unbeaufsichtigtem und bestärkendem Lernen unter Verwendung einer breiten Palette von Methoden, einschließlich des tiefen Lernens (Deep Learning)", ferner „Logik- und wissensgestützte Konzepte, einschließlich Wissensrepräsentation, induktiver (logischer) Programmierung, Wissensgrundlagen, Inferenz- und Deduktionsmaschinen, (symbolischer) Schlussfolgerungs- und Expertensysteme", und schließlich „statistische Ansätze, Bayessche Schätz-, Such- und Optimierungsmethoden".[113] Soweit also von *KI* gesprochen wird, geht es nach dem heutigen Stand der Technik nicht um eine Maschine mit

111 *BReg*, Strategie Künstliche Intelligenz (oben Fn. 107), S. 4. Nicht viel anders konzentriert sich auch die KI-Definition der *HLEG AI* auf Folgendes: „Artificial intelligence (AI) refers to systems designed by humans that, given a complex goal, act in the physical or digital world by perceiving their environment, interpreting the collected structured or unstructured data, reasoning on the knowledge derived from this data and deciding the best action(s) to take (according to pre-defined parameters) to achieve the given goal. AI systems can also be designed to learn to adapt their behaviour by analysing how the environment is affected by their previous actions" (*HLEG AI*, A Definition of AI [oben Fn. 109], S. 7); siehe ferner jüngst *EU-Kommission*, Vorschlag für eine Verordnung des Europäischen Parlaments und des Rates zur Festlegung harmonisierter Vorschriftlichen für Künstliche Intelligenz (Gesetz über Künstliche Intelligenz – KIG) pp., COM(2021) 206 final v. 21.4.2021, dort Art. 3 Nr. 1: Ein KI-System sei eine „Software, die mit einer oder mehreren der in Anhang I aufgeführten Techniken und Konzepte entwickelt worden ist [dazu oben im Text, *CT*] und im Hinblick auf eine Reihe von Zielen, die vom Menschen festgelegt werden, Ergebnisse wie Inhalte, Vorhersagen, Empfehlungen oder Entscheidungen hervorbringen kann, die das Umfeld beeinflussen, mit dem sie interagieren".

112 Siehe oben Fn. 111.

113 Zu *Machine Learning* und *Deep Learning* in guter Zusammenfassung *Staffler/Jany*, ZIS 2020, 164 (166 f.) m.w.N.

eigenem Bewusstsein, die tatsächlich in vollumfängliche Konkurrenz zum Menschen zu treten vermag, sondern vorerst nur darum, dass eine Maschine in der Lage ist, sich bereichsspezifisch für das ihr zugewiesene Aufgabenprofil fortzuentwickeln und zu „lernen" und hierdurch den Menschen in seiner Effizienz und Leistungsfähigkeit zu unterstützen.[114]

b. Studien und Projekte der KI-basierten Lügendetektion samt Validitätsquoten

Längst hat heute auch in die Lügendetektion die Erprobung von „schwachen" KI-Systemen Eingang gefunden. Technisch werden allerdings nicht etwa die klassischen „Lügendetektoren 1.0" mit besonderer Software versehen. Vielmehr konzentriert sich die moderne Lügendetektionssystementwicklung auf KI-gestützte Tools, die im Grunde genommen nichts anderes als ein Mensch machen sollen, der isoliert über eine Aussage zu urteilen hat. Nur teils werden auch von „Lügendetektoren 1.0" bekannte Parameter wie Puls, Atemfrequenz etc. einbezogen.[115] Die Gegenwart und Zukunft der technischen Lügendetektion wird vielmehr in anderen Prinzipien gesehen, d.h. zum einen in der KI-basierten Detektion und Auswertung von *verbalen*, zum anderen von *non-verbalen* und drittens schließlich von *verbalen und non-verbalen* Signalen und Mustern, mithin in der Form eines „kombinierten Ansatzes"[116].[117]

---

114 Eine „starke" KI weist demgegenüber nach *Burgstaller/Hermann/Lampesberger*, Künstliche Intelligenz, S. 13, höhere intellektuelle Fähigkeiten wie „logisches Denken, strategisches Planen, Lernen, Entscheiden unter unsicherer Informationslage und die ständige flexible Kombination dieser Fähigkeiten" auf.

115 Vgl. *Burzo*, zit. nach *Moore*, in: *Michigan News*, Artikel v. 10.12.2015 (oben Fn. 46).

116 So die Bezeichnung von *Rodenbeck*, StV 2020, 479 (482).

117 Vgl. *Gerhold*, ZIS 2020, 431 (432); *Rodenbeck*, StV 2020, 479 (481 ff.); ferner z.B. auch *Bösche*, Lügendetektor – Der Wahrheit auf der Spur, in: *Deutschlandfunk Nova*, Artikel v. 18.12.2015, abrufbar unter https://www.deutschlandfunknova.de/beitrag/luegendetektor-software-soll-luegner-entlarven (letzter Abruf: 12.5.2022); *Newman*, Gründer und Principal Analyst der auf die Digitalisierung des Justizwesens in den USA spezialisierten Firma *Futurum Research* und einer der bekanntesten Experten auf diesem Sektor, zit. nach *Daum*, Künstliche Intel-

Im Prinzip geht es stets darum, dass während einer Aussage eine Software über Kameras und Mikrofone Informationen zu Mimik, Gestik, Sprachduktus oder der Häufigkeit bestimmter Begriffe und Formulierungen sammelt, diese Informationen mit Erfahrungswissen abgleicht und schließlich dahingehend auswertet, ob die getätigte Aussage wahr oder unwahr ist. Die *KI* arbeitet dabei insbesondere mit Ansätzen der sog. *Voice-Stress-Analyse*, der *Face-* oder *Eye-Scan-Analyse.*[118] Beim „kombinierten Ansatz" verbindet sie die Ansätze zudem miteinander, wobei sie anders als der Mensch hochschnell Muster erkennt, bekanntlich eine Kernkompetenz von KI-Systemen,[119] und auf ein idealiter gleichsam unendliches Datenrepertoire zurückgreift sowie ständig dazulernt.

aa. KI-Systeme zur Detektion und Auswertung von verbalen Signalen

(1) Precire

Die *Precire Technologies GmbH* wurde im Jahr 2007 in Aachen gegründet und zählt weltweit zu den Pionieren der KI-basierten Analyse sprachlicher Kommunikation anhand psychologischer Kriterien. Das Unternehmen entwickelte die Software *Precire*, erhielt im Jahr 2017 das US-Patent für „Innovative Sprachanalyse-Verfahren" und im Jahr 2019 folgte in Europa und der Schweiz das Patent für „Sprachanalyse".[120] *Precire* reichen schon ca. 15 Minuten, um ein Persönlichkeitsprofil eines Menschen zu erstellen. Hierzu untersucht die *KI* die sprachliche Kommunikation auf Merkmale wie Sprechgeschwindigkeit, Stimmvolumen, Tonhöhe sowie Satzbau und Wortarten. Aus diesen Daten kön-

ligenz – der neue Lügendetektor?, in: *Das Filter*, Artikel v. 26.3.2018, abrufbar unter http://dasfilter.com/gesellschaft/kuenstliche-intelligenz-der-neue-luegen detektor-understanding-digital-capitalism-iii-teil-9 (letzter Abruf: 12.5.2022); *N.N.*, in: *IT Boltwise*, Augenanalyse – Künstliche Intelligenz soll Schwächen von Polygraphen-Lügendetektoren ausgleichen, Artikel v. 15.10.2019, abrufbar unter https://www.it-boltwise.de/augenanalyse-kuenstliche-intelligenz-soll-schwaechen -von-polygraphen-luegendetektoren-ausgleichen.html (letzter Abruf: 12.5.2022).

118 Vgl. schon *Dahle/Lehmann*, in: BAV, Neue Vernehmungsmethoden, S. 48 (74).

119 Vgl. oben unter C.III.1.a.

120 Näher unter https://precire.com/technologie (letzter Abruf: 12.5.2022).

nen schließlich auch Rückschlüsse auf den Wahrheitsgehalt einzelner Aussagen einer Person gezogen werden und es sei eine Treffergenauigkeit von 72 % zu verzeichnen. Eingesetzt worden sei *Precire* bereits zur Vorhersage von Aktienmarktreaktionen und insbesondere in der unternehmensinternen Kommunikation. Bekannte Unternehmen, die *Precire* bereits verwendet hätten, seien *Vodafone*, die *Fraport AG*, die Versicherungsgruppen *Inter* und *Thalanx*, das *Handelsblatt*, die *RWE AG* und *Volkswagen Financial Services*.[121]

Infolge einer Debatte über den bedenklichen Einsatz von *KI* im Bereich des Personalmanagements konnte sich *Precire* gleichwohl nicht weiter am Markt etablieren und dem Unternehmen drohte die Insolvenz. Anfang des Jahres 2021 wurde es von der *4TechnologyGroup* übernommen.[122] Dennoch ist nicht nur die *4TechnologyGroup* von *Precire* überzeugt, sondern auch wissenschaftliche Experten wie *Hirschberg*, Professorin für *Computer Science* an der *Columbia University*.[123] Männer sprächen beispielsweise oft lauter, wenn sie lügen, Frauen hingegen nicht unbedingt, so *Hirschberg*, und Lügner hätten tendenziell eine höhere Stimme, während vor allem Frauen weniger Schwankungen in der Stimme hätten, wenn sie lügen. Nur eine *KI* könne diese und die diversen weiteren Muster finden. Allerdings könnten KI-Systeme wie *Precire* bislang Frauen besser als Männer

121 Dazu nebst den Selbstangaben unter https://precire.com/technologie (letzter Abruf: 12.5.2022) *Hummel*, Persönlichkeitsanalyse – Deine Sprache verrät dich, in: *FAZ*, Artikel v. 20.5.2015, abrufbar unter https://www.faz.net/aktuell/gesellschaft/menschen/software-erkennt-persoenlichkeit-mit-sprachanalyse-13596216.html (letzter Abruf: 12.5.2022); *Wolfangel*, MIT Technology Review 2019, 28 (29 f.); *Wätjen/Maisel*, Künstliche Intelligenz als Lügendetektor, Whitepaper am IAAI der HdM Stuttgart, 2019/2020, abrufbar unter https://ai.hdm-stuttgart.de/downloads/student-white-paper/Winter-1920/KI_als_Luegendetektor.pdf (letzter Abruf: 12.5.2022), S. 4.

122 Dazu und näher *Precire Technology GmbH*, Pressemitteilung v. 3.3.2021, abrufbar unter https://precire.com/blog/2021/03/08/4techgroup-uebernimmt (letzter Abruf: 12.5.2022); ferner z.B. *Bös*, Precire findet einen Käufer, in: FAZ, Artikel v. 3.3.2021, abrufbar unter https://www.faz.net/aktuell/karriere-hochschule/buero-co/umstrittene-technologie-precire-findet-einen-kaeufer-17225356.html (letzter Abruf: 12.5.2022).

123 Näher zur Person unter http://www.cs.columbia.edu/~julia (letzter Abruf: 12.5.2022).

und z.B. chinesische Muttersprachler, die Englisch sprechen, besser als englische Muttersprachler einschätzen.[124]

(2) VeriPol

Auch die Software *VeriPol* ist ein KI-System zur Detektion und Auswertung von verbalen Signalen zwecks Erkennens von Wahrheit und Lüge. Anders als *Precire* geht es bei *VeriPol* allerdings um *schriftlich* geäußerte Lügen (bzw. Wahrheiten). Genauer, und wie es der Softwarename schon andeutet, handelt es sich um ein automatisiertes Lügenerkennungsmodell für textliche Aussagen in Polizeiberichten („text-based lie detection model for police reports"), das von *Quijano-Sánchez et al.* an der *Cardiff University* und der *Universidad Carlos III de Madrid* in Zusammenarbeit mit der spanischen Polizei entwickelt wurde und bereits seit 2015 in Spanien im Einsatz ist.[125] *VeriPol* kombiniert Methoden des *natural language processings* und des *machine learnings* in einem Entscheidungshilfesystem, das Polizeibeamten die Wahrscheinlichkeit liefert, dass eine Straftatanzeige falsch ist.

Quijano-Sánchez et al. trainierten die *KI* im Jahr 2015 anhand von 1.122 Raubverfahren, die von der spanischen Polizei abgeschlossen und als Daten bereitgestellt worden waren, bei denen also bekannt war, ob entweder der Täter verurteilt wurde oder der Anzeigeerstatter gestanden hatte, die Tat erfunden zu haben. Anschließend wurde getestet, wie genau die *KI* eine Stichprobe von 659 Anzeigen im Vergleich zu zwei menschlichen Polizisten als wahr oder falsch einstufte. *VeriPol* übertraf die Polizisten mit einer Validierungsgenauigkeit von 91 % deutlich. Eine im Jahr 2017 in den Städten *Murcia* und *Málaga* durchgeführte Feldstudie belegte sodann auch im Praxiseinsatz eine empirische Mindestgenauigkeit von ca. 83 %. Das zugrunde liegende

---

124 *Hirschberg*, zit. nach *Wolfangel*, MIT Technology Review 2019, 28 (30).

125 Hierzu und zum Folgenden *Quijano-Sánchez et al.*, KBS 149 (2018), 155 ff.; vgl. auch *Rodríguez Mega*, An Algorithm That Can Spot When People Lie to the Police, in: *Scientific American*, Artikel v. 1.2.2019, abrufbar unter https://www.scientificamerican.com/article/an-algorithm-that-can-spot-when-people-lie-to-the-police (letzter Abruf: 12.5.2022); *Wätjen/Maisel*, Whitepaper am IAAI der HdM Stuttgart, 2019/2020 (oben Fn. 121), S. 3 f.

Klassifizierungsmodell könne ferner analysiert werden, um Muster und Erkenntnisse darüber zu gewinnen, wie Menschen die Polizei belügen bzw. wann sie die Wahrheit sagen, so *Quijano-Sánchez et al.*[126] Insgesamt werde mit *VeriPol* den Ermittlern ein Tool bereitgestellt, das ihnen Teile ihrer Arbeit abnehme und damit Ressourcen spare, meint *M. Camacho-Collados*, der als spanischer Polizeibeamter an der Entwicklung von *VeriPol* beteiligt war, und das Tool könne auch in weiteren Bereichen zum Einsatz kommen. Für den Moment, so *Camacho-Collados*, sei die Botschaft klar: „Die Leute werden mehr als einmal nachdenken, bevor sie eine gefälschte Anzeige erstatten." *Wang*, Professor an der *Fakultät für Computer Science* an der *University of California* sowie Co-Direktor der *Natural Language Processing Group* und des *Center for Responsible Machine Learning* in *Santa Barbara*,[127] der nicht an der Entwicklung von *VeriPol* beteiligt war, ist ferner der Ansicht, der Erfolg von *VeriPol* sei auch in anderen Ländern möglich, insbesondere dort, wo Ermittlungseinheiten unterbesetzt seien.[128]

(3) Online Polygraph

Ein weiteres Tool zur Detektion und Auswertung von schriftlichen Signalen zwecks Erkennens von Wahrheit und Lüge entwickelten *Ho/Hancock* in den Jahren 2014 und 2015. *Ho* ist Professorin an der *School of Information* der *Florida State University*, *Hancock* Professor für Kommunikation an der *Stanford University* und Direktor des *Stanford Social Media Lab*.[129] Ihr Programm kann bei computerbasierter menschlicher Kommunikation („Chats") Lügen anhand der verwendeten Sprache und der Geschwindigkeit des Eintipp-Verhaltens erken-

126 *Quijano-Sánchez et al.*, KBS 149 (2018), 155, wo es ferner heißt, „je mehr Details in der Meldung angegeben werden, desto wahrscheinlicher ist es, dass sie ehrlich ist".

127 Näher zur Person unter https://sites.cs.ucsb.edu/~william (letzter Abruf: 12.5.2022).

128 *M. Camacho-Collados* und *Wang*, zit. nach *Rodríguez Mega*, in: *Scientific American*, Artikel v. 1.2.2019 (oben Fn. 125).

129 Näher zu den Personen unter https://directory.cci.fsu.edu/shuyuan-ho und https://comm.stanford.edu/faculty-hancock/ (jew. letzter Abruf: 12.5.2022).

nen.[130] „Wir haben Ansätze des statistical modeling und des machine learnings verwendet, um die Hinweise in Gesprächen zu analysieren, und auf der Grundlage dieser Hinweise haben wir verschiedene Analysen durchgeführt", um festzustellen, ob die Teilnehmer lügen, sagt *Ho*. „Die Ergebnisse waren erstaunlich vielversprechend, und das ist die Grundlage für einen Online-Polygraphen".[131]

Zur Entwicklung des KI-Tools von *Ho/Hancock* spielten 40 Forschungsteilnehmer in 80 Spielsitzungen über *Google Hangouts* ein Spiel, dem die Forscher den Namen *Real or Spiel* (dtsch. „Echt oder Geschwafel") gaben.[132] Für das Spiel waren die Teilnehmer eingeteilt in „saints", die stets die Wahrheit zu schreiben hatten, und „sinners", die stets lügen sollten. In diesen Rollen sollten sich die Teilnehmer während des Spiels über ein Chat-Programm gegenseitig Fragen stellen, wobei sie sich nicht sehen konnten und auch die Identität des anderen nicht kannten. Die Fragen und die wahren oder gelogenen Antworten samt der exakten Antwortdauer wurden sodann zum Training des KI-Tools verwendet, das hernach mit einer Genauigkeit von 82,5 % Lügen zu erkennen vermochte und damit deutlich erfolgreicher war als menschliche Testpersonen, die zum Vergleich herangezogen wurden und auch in dieser Studie wie typisch für Menschen kaum besser waren, als wenn sie schlicht geraten hätten („barely performed better than guessing", so *Ho*[133]). Die Software hatte insbesondere festgestellt, dass die „sinners" ihre Antworten schneller eingetippt, mehr negative Emotionen, insbesondere Angst, zum Ausdruck gebracht sowie eine bestimmtere Sprache mit Begriffen wie „always" oder „never" genutzt und insgesamt umfangreicher formuliert hatten. Demgegenüber hatten die „saints" mehr Ausdrücke kausaler Erklärung wie z.B. „because" und solche der Unsicherheit wie „perhaps" oder „guess" verwendet.

---

130 Hierzu und zum Folgenden insb. *Ho/Hancock*, Computers in Human Behavior 91 (2019), 33 ff.

131 *Ho*, zit. nach *Greenberg*, Researchers Built an ‚Online Lie Detector', in: *WIRED*, Artikel v. 21.3.2019, abrufbar unter https://www.wired.com/story/online-lie-detector-test-machine-learning (letzter Abruf: 12.5.2022).

132 Hierzu und zum Folgenden im Überblick auch *Greenberg*, in: *WIRED*, Artikel v. 21.3.2019 (oben Fn. 131); *Rodenbeck*, StV 2020, 479 (481 f.).

133 *Ho*, zit. nach *Greenberg*, in: *WIRED*, Artikel v. 21.3.2019 (oben Fn. 131).

Der Erfolg des KI-Tools von *Ho/Hancock* wird allerdings auch kritisch gesehen, wobei insbesondere darauf verwiesen wird, dass die Testbedingungen nicht der realen Welt entsprächen. „You're looking at linguistic patterns of people playing a game, and that's very different from the way people really speak in daily life", so *Crawford*, Mitbegründerin des *AI Now Institutes* an der *New York University* und Senior Principal Researcher bei *Microsoft*.[134] Kritikern wie *Crawford* entgegnete *Ho* im Jahr 2019, dass die Studie freilich nur ein erster Schritt in Richtung textbasierte Lügenerkennung („merely a first step toward text-based lie detection"), aber das entwickelte Tool schon ein Prototyp für ein Online-Lügendetektorsystem gewesen sei, das in Anwendungen wie Online-Dating-Plattformen, als Element in einem Lügendetektortest eines Geheimdienstes oder sogar von Banken verwendet werden könne, die versuchen, die Ehrlichkeit einer Person zu bewerten, die z.B. mit einem automatisierten Chatbot kommuniziere. „If a bank implements it, they can very quickly know more about the person they're doing business with", so *Ho*.[135]

bb. KI-Systeme zur Detektion und Auswertung von *non-verbalen* Signalen

Im Weiteren geht es nun nicht mehr um KI-Systeme zur Detektion und Auswertung von verbalen, sondern *non-verbalen* Signalen. Dieser Technologieansatz beruht vor allem auf der *Face-* respektive *Eye-Scan-Analyse*, also darauf, dass menschliche Makro- und Mikrogestik belastbare Anhaltspunkte dazu liefern könne, dass ein Mensch (nicht) die Wahrheit sagt. Grundlegend sind hier insbesondere die Forschungen von *Ekman*, Professor für Psychologie an der *University of California*, vielfacher Bestsellerautor, Vorbild für die Fernsehserie *Lie to me* und einer der weltweit führenden Experten für nonverbale Kommunikation, der auch für das *FBI* und die *CIA* arbeitet, und das von ihm (zu-

---

134 *Crawford*, zit. nach *Greenberg*, in: *WIRED*, Artikel v. 21.3.2019 (oben Fn. 131); näher zur Person unter https://www.microsoft.com/en-us/research/people/kate (letzter Abruf: 12.5.2022).

135 *Ho*, zit. nach *Greenberg*, in: *WIRED*, Artikel v. 21.3.2019 (oben Fn. 131).

sammen mit *Friesen*) entwickelte *Facial Action Coding System (FACS)* zu sehen.[136]

Die Makro- und Mikrogestikforschung und so auch den entsprechenden KI-Ansatz zweifeln andere Wissenschaftler deutlich an. Für *Kleinberg*, Professor im *Department of Security and Crime Science* am *University College London*,[137] ist der Ansatz sogar „pseudowissenschaftlich", denn Stress sei kein guter Indikator für die Wahrheitsfindung und es sei daher „sehr umstritten, dass es eine Beziehung von nonverbalen Mikroimpressionen wie dem Zucken eines Augenlids und dem Erzählen einer Lüge gibt".[138] Auch z.B. *Bull*, Professor für Kriminalistik an der *University of Derby*,[139] der die britische Polizei bei Befragungstechniken unterstützt und auf Methoden zur Erkennung von Täuschungen spezialisiert ist, meint, KI-Projekte zum Erkennen von Wahrheit und Lüge seien „nicht glaubwürdig", da es schon keine Beweise dafür gebe, dass die Überwachung von Makrogesten des Körpers und Mikrogesten auf den Gesichtern von Menschen eine genaue Methode zur Erfassung von Lügen sei. Die Unternehmen machten sich selbst etwas vor, wenn sie glaubten, dass es jemals wirklich effektiv sein werde und sie „verschwenden eine Menge Geld", so *Bull*, denn die Technologie basiere auf einem „grundlegenden Missverständnis"

136 Näher zur Person und zum *FACS* z.B. *Haas*, Ein Lügenexperte im Interview – „Mir entgeht kein Gesichtsausdruck", in: *SZ*, Artikel v. 17.5.2010, abrufbar unter https://www.sueddeutsche.de/wissen/ein-luegenexperte-im-interview-mir-entgeht-kein-gesichtsausdruck-1.471158 (letzter Abruf: 12.5.2022); im Übrigen siehe primärliterarisch insb. *Ekman*, Telling Lies, passim; *ders./Friesen/Hager*, Facial action coding system, passim; grundl. u.a. *Ekman/Sorensen/Friesen*, Science 164 (1969), 86 ff.

137 Näher zur Person unter https://www.ucl.ac.uk/security-crime-science/people/dr-bennett-kleinberg (letzter Abruf: 12.5.2022).

138 *Kleinberg*, zit. nach *Kolb*, Künstliche Intelligenz – EU testet Lügendetektor an den Grenzen, in: *SZ*, Artikel v. 5.11.2018, abrufbar unter https://www.sueddeutsche.de/digital/grenze-kuenstliche-intelligenz-software-iborderctrl-1.4196243 (letzter Abruf: 12.5.2022).

139 Näher zur Person unter https://www.derby.ac.uk/staff/ray-bull (letzter Abruf: 12.5.2022).

darüber, was Menschen täten, wenn sie sich wahrheitsgemäß oder täuschend verhielten.[140]

(1) Silent Talker

Trotz der Kritik an der Makro- und Mikrogestikforschung bzw. wegen der gleichwohl vorweisbaren Erfolge dieser Forschung entwickelten *Rothwell et al.* von der *Manchester Metropolitan University* bereits in den Jahren 2000 bis 2002 ein KI-System namens *Silent Talker*, patentierten es und in den Jahren 2006 und 2007 präsentierten sie es schließlich in Studienveröffentlichungen.[141]

Bei *Silent Talker* handelte sich, so die Beschreibung von *Rothwell et al.*,[142] um ein computergestütztes, nicht-invasives psychologisches Profiling-System für die Analyse nonverbalen Verhaltens. Denn nonverbale Signale enthielten reichhaltige Informationen über mentale, verhaltensbezogene und/oder körperliche Zustände und bisherige Versuche, einzelne Signale zu extrahieren und ein Gesamtverhalten zu klassifizieren, seien zeitaufwändig, kostspielig, voreingenommen, fehleranfällig und komplex. *Silent Talker* überwinde diese Probleme durch den Einsatz von neuronalen Netzen. Die Prüfung und Validierung des Systems sei durch die Erkennung von Vorgängen, die mit Täuschung

140 *Bull*, zit. nach *Gallagher/Jona*, We Tested Europe's New Lie Detector for Travelers, in: *The Intercept*, Artikel v. 26.7.2019, abrufbar unter https://theintercept.com/2019/07/26/europe-border-control-ai-lie-detector (letzter Abruf: 12.5.2022). – Jedenfalls pseudowissenschaftlich und nach hiesigem Rechtsstaatsverständnis ohnehin klar abzulehnen sind schlicht physiognomische Verbrechererkennungs-Tools wie das von *Wu/Xiang* von der *Universität Shanghai* aus dem Jahr 2016, das Kriminelle allein an einem Passfoto erkennen soll und dessen Ansatz an *Lombrosos* abstoßende kriminalbiologische These des „geborenen Verbrechers" aus dem 19. Jahrhundert sowie die sich darauf berufenden medizinisch-eugenischen Programme der Nationalsozialisten Mitte des 20. Jahrhunderts erinnert; zum Verbrechererkennungs-Tool von *Wu/Xiang* näher und wie hier ablehn. *Rodenbeck*, StV 2020, 479 (482); *Steinke*, Neue Software soll Kriminelle an ihren Gesichtszügen erkennen, in: *SZ*, Artikel v. 27.11.2016, abrufbar unter https://www.sueddeutsche.de/panorama/verbrechen-im-namen-der-nase-1.3268675 (letzter Abruf: 12.5.2022); siehe auch *Greenberg*, in: *WIRED*, Artikel v. 21.3.2019 (oben Fn. 131).

141 Siehe *Rothwell et al.*, ACP 20 (2006), 757 ff.; *dies.*, NCA 16 (2007), 327 ff.

142 *Rothwell et al.*, ACP 20 (2006), 757.

und Wahrheit in Verbindung stünden, erfolgt. In einem simulierten Diebstahlszenario hätten 39 Teilnehmer Geld „gestohlen" (bzw. „nicht gestohlen") und seien nach dem Verbleib des Geldes befragt worden. *Silent Talker* sei bei Begutachtung der Aussagen in der Lage gewesen, verschiedene Verhaltensmuster, die auf Täuschung und Wahrheit hindeuteten, „deutlich besser als der Zufall" zu erkennen. Es seien 74 % der Einzelantworten und 80 % der Befragungen richtig klassifiziert worden.

(2) Facesoft

Die *Facesoft Ltd.* ist ein im Jahr 2017 von *Ponniah*, einem Facharzt für plastische Chirurgie am *Royal Free Hospital* im Nordwesten Londons, und *Zafeiriou*, Professor für *Machine Learning and Computer Vision* am *Imperial College London*,[143] gegründetes SaaS-Start-Up mit Sitz in London.[144] Das Unternehmen bietet seither Cloud-basierte Lösungen für die Gesichtserkennung und -verifizierung in den Bereichen Sicherheit, Banken und Zugangskontrollen an. Dazu entwickelten *Ponniah* und *Zafeiriou* einen Algorithmus, den sie u.a. mithilfe des *FACS* von *Ekman/Friesen*[145] und anhand einer Datenbank mit 300 Millionen hochauflösenden, teils mit High-Speed-Kameras aufgenommenen Bildern und Videos von menschlichen Gesichtern, die alle Altersgruppen, Ethnien und Geschlechter abdeckten, trainierten. Die Gesichtserkennungsalgorithmen von *Facesoft*, die Intensität und Stärke von Emotio-

143 Näher zu den Personen unter https://www.royalfree.nhs.uk/services/staff-a-z/mr-allan-ponniah bzw. https://www.imperial.ac.uk/people/s.zafeiriou (jew. letzter Abruf: 12.5.2022).

144 Hierzu und zum Folgenden siehe *Blakely*, AI will judge suspects in blink of an eye, in: *The Times*, Artikel v. 29.6.2019, abrufbar unter https://www.thetimes.co.uk/article/ai-will-judge-suspects-in-blink-of-an-eye-kj35k5xt3?region=global (letzter Abruf: 12.5.2022); *Randall*, Could a face-reading AI ‚lie detector' tell police when suspects aren't telling the truth? – UK start up is in talks with Indian and British police for trials, in: *MailOnline*, Artikel v. 1.7.2019, abrufbar unter https://www.dailymail.co.uk/sciencetech/article-7200315/Could-face-reading-AI-lie-detector-tell-police-suspects-arent-telling-truth.html (letzter Abruf: 12.5.2022); *Wätjen/Maisel*, Whitepaper am IAAI der HdM Stuttgart, 2019/2020 (oben Fn. 121), S. 4.

145 Siehe oben zu und in Fn. 136.

nen in Echtzeit selbstständig erkennen, sollen eine Genauigkeit von beeindruckenden „über 98 %" haben und damit zu den besten der Welt gehören („amongst the best in the world, with accuracy levels of greater than 98 %"),[146] sodass sie selbst das *NIST* in ihrem *FRVT*[147] auszeichnete.[148]

Die Technologie von *Facesoft* stützt sich teils ähnlich *Silent Talker*[149] auf Mikroausdrücke im menschlichen Gesicht, also die teils winzigen und unwillkürlichen Gesichtsbewegungen, von denen auch *Ponniah* und *Zafeiriou* trotz der bekannten Kritik überzeugt sind, dass sie Emotionen, selbst komplexe Emotionen wie Stress, verraten, weil sie nicht unterdrückt oder gefälscht werden könnten, und daher sogar erkennen lassen, wenn Menschen lügen. *Facesoft* sei in der Lage, wichtige Abschnitte aus stundenlangen Befragungen von Verdächtigen zu markieren sowie auszuwerten und die Ergebnisse könnten sodann von Polizeipsychologen im Detail überprüft werden.[150] Daher nahm die *Facesoft Ltd.* auch schon früh mit der Polizei im *UK*, ferner z.B. auch mit der indischen Polizei in *Mumbai*, hinsichtlich der praktischen Einsatzmöglichkeiten Verbindung auf und die Software soll in den letzten Jahren tatsächlich in der Polizeiarbeit eingesetzt worden sein.[151]

146 Vgl. jüngst die Selbstangabe in: *FinTech Connect*, Startup Spotlight – Facesoft Ltd., Teilnehmervorstellung für die *FTC22* am 15./16.3. 2022 in New York (USA), abrufbar unter https://www.fintechconnect.com/events-toronto/downloads/start-up-facesoft-ltd (letzter Abruf: 12.5.2022).

147 Zum *FRVT* siehe https://www.nist.gov/programs-projects/face-recognition-vendor-test-frvt (letzter Abruf: 12.5.2022).

148 Näher *Ponniah* bei *PI Capital*, Facial recognition part 1 – Technology and use cases, 24.9.2019, abrufbar unter https://picapital.co.uk/event/facial-recognition-1 (letzter Abruf: 12.5.2022); vgl. auch *ders.*, zit. nach *Randall*, in: *MailOnline*, Artikel v. 1.7.2019 (oben Fn. 144).

149 Siehe oben unter C.III.1.b.bb(1).

150 *Ponniah/Zafeiriou*, zit. nach *Randall*, in: *MailOnline*, Artikel v. 1.7.2019 (oben Fn. 144).

151 Vgl. *Wätjen/Maisel*, Whitepaper am IAAI der HdM Stuttgart, 2019/2020 (oben Fn. 121), S. 4.

(3) iBorderCtrl

Auch das System *iBorderCtrl* der EU beinhaltet als eine zentrale Facette einen automatisierten, KI-basierten Lügendetektionsmechanismus, dort in Form eines virtuellen Grenzbeamten. *iBorderCtrl* ist die Kurzform für *Intelligent Portable Border Control System* und hat den Hintergrund, dass im Jahr 2016 die *Europäische Exekutivagentur für die Forschung (REA)* im Kontext des Rahmenprogramms für Forschung und Innovation *Horizon 2020* (2014–2020) die Finanzhilfevereinbarung Nr. 700626 geschlossen hatte, wobei für *iBorderCtrl* EU-seitig rund 4,5 Millionen Euro an Forschungsgeldern zur Verfügung gestellt wurden.[152] Die Forschung sollte auf die Erprobung neuer Technologien in Szenarien kontrollierter Grenzverwaltung („controlled border management scenarios") abzielen, die die Effizienz der Verwaltung der Außengrenzen der EU erhöhen und die schnellere Abfertigung von bona-fide-Reisenden sowie die schnellere Entdeckung illegaler Aktivitäten sicherstellen könnten.[153]

Der virtuelle Grenzbeamte in *iBorderCtrl* wurde maßgeblich von Forschern der *Manchester Metropolitan University* um *Crockett*, Professorin für *Computational Intelligence*,[154] entwickelt. Das System sei in der Lage, erklärt *Crockett*, das nonverbale[155] Verhalten einer Person zu analysieren und bestimmte Mikrogesten und Mikroausdrücke zu erkennen, die auf eine Lüge hindeuteten, d.h., es gehe gerade nicht um Makrogesten wie Lächeln oder Stirnrunzeln, sondern nur um die sehr kleinen, unbewussten Bewegungen wie einen Blick, der kurz nach links oder rechts geht.[156] Nach einem kurzen Training unter Laborbedingungen erreichte die Software bereits eine Trefferquote von 76 % im

---

152 Näher auf den Webseiten der EU-Kommission unter https://cordis.europa.eu/project/id/700626/de (letzter Abruf: 12.5.2022).

153 So jüngst zusammengefasst von EuG, BeckRS 2021, 38911 Rn. 1 f.

154 Näher zur Person unter https://www.mmu.ac.uk/computing-and-maths/staff/profile/index.php?id=2434 (letzter Abruf: 12.5.2022).

155 Insofern ungenau *Rodenbeck*, StV 2020, 479 (481), nach dem das Gesicht „und die Stimme" von *iBorderCtrl* aufgezeichnet und ausgewertet, also nicht nur nonverbale, sondern auch verbale Signale berücksichtigt würden.

156 *Crockett*, zit. nach *Marchand*, Un détecteur de mensonges bientôt posté aux frontières de l'UE, in: *Les Echos*, Artikel v. 3.11.2018, abrufbar unter https://www.l

Lügenerkennen und Feldversuche unter Realbedingungen sollten die Quote auf 85 % und mehr steigern.[157] Diese Feldversuche wurden in den Jahren 2018 und 2019 an vier Grenzübergängen in Griechenland, Lettland und Ungarn seitens der EU-Grenzschutzorganisation *Frontex* durchgeführt. Sie zeigen zugleich das praktische Prozedere.

Abbildung 2: Foto des portablen virtuellen Grenzbeamten von *iBorderCtrl*, wie er für die EU maßgeblich von der *Manchester Metropolitan University* entwickelt wurde

Das Verfahren hat zwei Stufen: Zu Hause lädt der Reisende zunächst Dokumente wie Pass, Visum, Foto oder Einkommensnachweis hoch. Sodann erscheint auf dem Bildschirm der virtuelle Grenzbeamter in blauer Uniform (siehe Abbildung 2), dessen Geschlecht, Ethnizität und Sprache an den Bewerber angepasst sind, und stellt Fragen eines typischen, routinierten Grenzbeamten: „Was befindet sich in Ihrem Koffer?", heißt es etwa und: „Wenn Sie den Koffer öffnen und ich hineinschaue, wird dies die Richtigkeit Ihrer Angaben bestätigen?" Die Antworten werden von der *KI* in *iBorderCtrl* mit Blick auf die Mikrogesten und Mikroausdrücke des Reisenden hinsichtlich des Wahrheitsgehalts bewertet.

Vom Ergebnis dieses „Pre-Checks" hängt mit ab, ob eine weitere Kontrolle durch menschliche Grenzbeamte bei der Einreise vor Ort erforderlich ist, ob also das KI-System die jeweilige Person im Pre-

esechos.fr/industrie-services/tourisme-transport/un-detecteur-de-mensonges-bientot-poste-aux-frontieres-de-lue-144821 (letzter Abruf: 12.5.2022).

157 Hierzu und zum Folgenden nebst *Marchand*, in: *Les Echos*, Artikel v. 3.11.2018 (oben Fn. 156) u.a. *Gerhold*, ZIS 2020, 431 (433); *Kolb*, in: *SZ*, Artikel v. 5.11.2018 (oben Fn. 138); *Kurz*, Automatisierte Grenzkontrollen – Wollen Sie wirklich nur Urlaub machen?, in: *FAZ*, Artikel v. 21.1.2019, abrufbar unter https://www.faz.net/aktuell/feuilleton/aus-dem-maschinenraum/die-eu-kauft-die-grenzkontroll-software-iborderctrl-15998859.html; *Rodenbeck*, StV 2020, 479 (481); *Stoklas*, Einsatz von Künstlicher Intelligenz bei Grenzkontrollen – Pilotprojekte der EU, in: ZD-Aktuell 2021, 05289; *Wätjen/Maisel*, Whitepaper am IAAI der HdM Stuttgart, 2019/2020 (oben Fn. 121), S. 4 f.; zur Kritik an *iBorderCtrl* insb. *Gallagher/Jona*, in: *The Intercept*, Artikel v. 26.7.2019 (oben Fn. 140).

Check als „bedrohlich" einstufte. War dies nicht der Fall, erfolgte im Praxistest von *iBorderCtrl* vor Ort keine genauere Überprüfung durch menschliche Beamte, sondern nur der Vergleich der im Pre-Check vorgegebenen mit der tatsächlichen Vor-Ort-Identität des Reisenden. Denn nach der Vorauswahlphase wurden die Reisenden einer „Risiko-Score" zugewiesen und soweit sie seitens der KI von *iBorderCtrl* als kein oder ein nur geringes Risiko eingestuft worden waren, wurden sie nur einer „kurzen Neubewertung" unterzogen, während Reisende mit höherem Risiko von den menschlichen Grenzbeamten genauer überprüft wurden. Im Ganzen sei es so aber nicht das System allein, das entscheide, wer die EU-Grenze überquere, betont *Crockett*, es sei nur dazu da, den menschlichen Beamten einen möglichst klaren Hinweis zu geben.[158] Obgleich also die letztliche Entscheidungsmacht und endgültige Überprüfung der Reisenden weiterhin mithilfe von menschlichen Beamten an den Grenzen erfolgt, geben die Algorithmen von *iBorderCtrl* durch die umfangreiche Vorprüfung ein Scoring für jede Person ab, sodass sich die Beamten vor Ort ihre Ressourcen einteilen können.[159]

Auch *iBorderCtrl* ist freilich wie jedes KI-Lügendetektionssystem der Kritik ausgesetzt[160] und derzeit hält sich die EU hinsichtlich eines tatsächlichen Einsatzes von *iBorderCtrl* bedeckt.[161] Gleichwohl könnte *iBorderCtrl* oder ein ähnliches System bald in praxi eine Rolle spielen, namentlich im Kontext des *European Travel Information and Authorization Systems (ETIAS)*, das die EU bekanntlich im Jahr 2023 in Betrieb nehmen will.[162]

---

158 *Crockett*, zit. nach *Marchand*, in: *Les Echos*, Artikel v. 3.11.2018 (oben Fn. 156).

159 *Wätjen/Maisel*, Whitepaper am IAAI der HdM Stuttgart, 2019/2020 (oben Fn. 121), S. 5.

160 Zur Kritik siehe ebenfalls die Nachw. oben Fn. 157; ferner z.B. *Monroy*, EU-Projekt iBorderCtrl – Kommt der Lügendetektor oder kommt er nicht?, in: *netzpolitik.org*, Artikel v. 26.4.2021, abrufbar unter https://netzpolitik.org/2021/eu-projekt-iborderctrl-kommt-der-luegendetektor-oder-kommt-er-nicht (letzter Abruf: 12.5.2022).

161 Vgl. nur EuG, BeckRS 2021, 38911.

162 So und näher *Monroy*, in: *netzpolitik.org*, Artikel v. 26.4.2021 (oben Fn. 160).

(4) EyeDetect

Spezieller bzw. fokussierter als die genannten KI-Systeme ist schließlich *EyeDetect* der US-amerikanischen Firma *Converus* aus dem Jahr 2019. Wie es der Name *EyeDetect* schon nahelegt, konzentriert sich diese Software bei Aussagen respektive deren Einordnung als wahr oder falsch auf die Augen des Menschen und sei „the world's first ocular-motor deception test (ODT)“.[163]

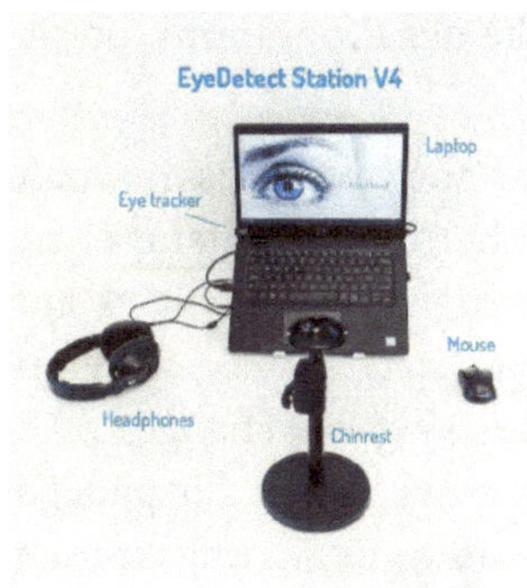

Abbildung 3: Foto der *EyeDetect Station V4* der US-amerikanischen Firma *Converus*

Der Ansatz von *EyeDetect* ist, dass das menschliche Gehirn härter arbeiten müsse, wenn jemand lügt, und je größer die Folgen der Lüge seien, desto größer sei die Arbeitsbelastung, also kognitive Belastung des Gehirns. Das wirke sich auch auf die Augen aus und dies sei unabhängig davon, ob die Person es wisse oder nicht. Daher besteht die Technik von *EyeDetect* darin, mittels High-Speed-Kameras, insbesondere Infrarotkameras, die Augenreaktionen auf Situationen bzw. Fragen zu messen,[164] u.a. Veränderungen des Pupillendurchmessers, Augenbewegungen, Blinzeln oder Fixierungen. Wer mit *EyeDetect* getestet wird, muss an einer mobilen Station (siehe Abbildung 3) Sätze von einem Bildschirm ablesen. Darunter sind Aussagen, die mit einer konkreten Tat oder generellem Fehlverhalten zu tun haben. „Eine solche Aussage kann sein: ‚Ich habe im letzten Jahr Geld oder anderes von meiner Firma gestohlen'“, erklärt *Mickelsen*, Präsident und CEO von *Converus*.[165] Der Algorithmus von *EyeDetect* berechne sodann aus den gewonnenen

163 *Converus*, Pressemitteilung v. 26.6.2019, abrufbar unter https://converus.com/press-releases/renowned-polygraph-expert-dr-john-kircher-joins-converus-staff (letzter Abruf: 12.5.2022).

164 Hierzu und zum Folgenden u.a. *Heller*, in: *FAZ*, Artikel v. 12.10.2019 (oben Fn. 54); *N.N.*, in: *IT Boltwise*, Artikel v. 15.10.2019 (oben Fn.); *Wätjen/Maisel*, Whitepaper am IAAI der HdM Stuttgart, 2019/2020 (oben Fn. 121), S. 3.

165 *Mickelsen*, zit. nach *Heller*, in: *FAZ*, Artikel v. 12.10.2019 (oben Fn. 54).

Scans einen „Glaubwürdigkeitswert" zwischen 0 und 100. Bei einem Wert unter 50 gelte eine Aussage als Lüge. Laut *Converus* dauert ein Test mit *EyeDetect* nur 15 bis 30 Minuten und die Ergebnisse lägen in weniger als 5 Minuten vor. Die Genauigkeit der Ergebnisse liege bei 86 bis 88 %. Zu den Kunden zählten Gefängnisse, Staatsanwälte und staatliche Behörden sowie private Ermittler und Firmen. Längst gebe es über 500 Anwender von *EyeDetect* in 42 Ländern. Einige davon befänden sich auch in Europa. So befrage etwa eine spanische Kette von Autowerkstätten ihre Mechaniker mit Hilfe des Programms, ob sie unnötige Reparaturen vornähmen.[166]

EyeDetects Technologie sei bereits ab dem Jahr 2003 von Wissenschaftlern der *University of Utah* entwickelt und seither durch umfangreiche Forschungsarbeiten[167] immer weiter verbessert worden, heißt es auf den Webseiten von *Converus*.[168] Heute sei *EyeDetect* „a next-generation lie detector" und „a true lie detection industry game changer". An der Entwicklung von *EyeDetect* war u.a. *Kircher*, Professor für pädagogische Psychologie an der *University of Utah* und in Regierungskreisen und in der Industrie als einer der weltweit führenden Experten auf dem Gebiet der Lügendetektion anerkannt, beteiligt und im Juni 2019 wechselte *Kircher* schließlich ganz zu *Converus*.[169] Im Oktober 2019 wurde *EyeDetect* als eine von zehn Innovationen auf der *17th Utah Innovation Awards* in *Salt Lake City* ausgezeichnet. *EyeDetect* hatte sich gegenüber einem Komitee von rund 65 Fachleuten aus Privatwirtschaft, Regierung und Hochschulwesen durchgesetzt und belegte den

166 Näher *Heller*, in: *FAZ*, Artikel v. 12.10.2019 (oben Fn. 54).

167 Siehe die Zusammenstellung (Stand: 15.12.2021) unter https://converus.com/wp-content/uploads/2021/12/EyeDetect-Research-Summary_20211215.pdf (letzter Abruf: 12.5.2022).

168 Siehe hierzu und zum Folgenden https://converus.com/eyedetect (letzter Abruf: 12.5.2022).

169 Näher zur Person und zu *Kirchers* Wechsel zu *Converus* in deren Pressemitteilung v. 26.6.2019 (oben Fn. 163).

ersten Platz in der Kategorie „Enterprise Software, Cloud and Big Data".[170]

cc. KI-Systeme zur Detektion und Auswertung von *verbalen und non-verbalen* Signalen („kombinierter Ansatz")

Nachdem bis hierhin KI-Systeme der Detektion und Auswertung von verbalen *oder* non-verbalen Signalen und Mustern vorgestellt worden sind, geht es nun zuletzt um Systeme, die die vorher beschriebenen Einzelsysteme in einem „ganzheitlichen Bewertungstool"[171] kombinieren, mithin einen „kombinierten Ansatz"[172] zur Wahrheits- bzw. Lügenerkennung anhand von verbalen *und* non-verbalen Signalen und Mustern verfolgen.

(1) Real-life-Trial-Data-Analysis

Im Jahr 2015 waren es *Pérez-Rosas et al.* von der *University of Michigan*, die, soweit ersichtlich, erstmals die Daten aus US-amerikanischen Gerichtsprozessen (*Real-life-Trial-Data*) verwendeten, um eine *KI* zur Lügendetektion mit einem kombinierten bzw. ganzheitlichen Ansatz zu entwickeln.[173] *Pérez-Rosas et al.* nahmen hierzu 121 Gerichtsvideos, in denen zur Hälfte (60/61) als wahr und als unwahr bekannte Aussagen enthalten waren. Die *KI* von *Pérez-Rosas et al.* filterte klare Anzeichen für Lüge oder Wahrheit heraus, „insbesondere die Häufig-

170 Näher *Converus*, Pressemitteilung v. 11.10.2019, abrufbar unter https://converus.com/press-releases/eyedetect-for-investigations-wins-utah-innovation-award (letzter Abruf: 12.5.2022).

171 So die Bezeichnung von *Wätjen/Maisel*, Whitepaper am IAAI der HdM Stuttgart, 2019/2020 (oben Fn. 121), S. 4, wenngleich dieser Begriff, soweit ihn *Wätjen/Maisel*, a.a.O., speziell in Verbindung mit *iBorderCtrl* bringen, nicht zutrifft; vgl. dazu oben Fn. 155.

172 Dazu schon oben bei und in Fn. 116.

173 Siehe *Pérez-Rosas et al.*, in: ACM, ICMI '15, S. 59 ff.; siehe auch *Moore*, in: *Michigan News*, Artikel v. 10.12.2015 (oben Fn. 46); ferner *Bösche*, in: *Deutschlandfunk Nova*, Artikel v. 18.12.2015 (oben Fn. 117); *Gerhold*, ZIS 2020, 431 (432); *Schmolmüller*, Lügendetektor-Software entlarvt Langnasen, in: *pressetext.com*, Artikel v. 15.12.2015, abrufbar unter https://www.pressetext.com/news/20151215004 (letzter Abruf: 12.5.2022).

keit bestimmter Gesten, die Zahl der verwendeten Füllwörter und Gesprächspausen, die Häufigkeit von Blickkontakten sowie Besonderheiten in der Intonation beim Ausdrücken von Gedanken oder Erinnerungen".[174] Hernach war die *KI* trotz der relativ geringen Anzahl eingespeister Videos und des nur kurzen Trainings bereits mit einer Treffgenauigkeit von rund 75 % in der Lage, wahre von unwahren Aussagen zu unterscheiden. Damit übertraf die *KI* die Trefferquote von Studierenden, die zu einem direkten Vergleich gebeten worden waren und durchschnittlich – wie typisch für Menschen[175] – zu 51 % eine wahre bzw. unwahre Aussage erkannten, um deutliche 24 %.[176] Die Erklärung liegt nach *Mihalcea*, Professorin für *Computer Science und Engineering* an der *University of Michigan* und neben *Burzo*, Professor für *Mechanical Engineering*, verantwortlich für die Studie, darin, dass sich Menschen vor allem auf das Gesamtbild konzentrieren, wenn sie die Ehrlichkeit einer Person beurteilen. Dabei werde jedoch die Anzahl bestimmter nonverbaler und verbaler Signale, die auf potenzielle Unstimmigkeiten hindeuteten, vernachlässigt. Demgegenüber verfüge die Software gerade eben über diese Fähigkeit, was sie im Erkennen von Lügnern im Gegensatz zum Menschen wesentlich zuverlässiger mache und die bisher geringe Datenbasis lasse sich unproblematisch erhöhen, sodass naheliegender Weise auch die Trefferquote der *KI* noch deutlich höher werde.[177]

174 So zusammengefasst von *Schmolmüller*, in: *pressetext.com*, Artikel v. 15.12.2015 (oben Fn. 173).

175 Näher zu entsprechenden Studien schon oben; ferner unten Fn. 177.

176 Vgl. *Pérez-Rosas et al.*, in: ACM, ICMI '15, S. 59 (64 f.).

177 *Mihalcea*, zit. nach *Schmolmüller*, in: *pressetext.com*, Artikel v. 15.12.2015 (oben Fn. 173); siehe auch *dies.*, zit. nach *Moore*, in: *Michigan News*, Artikel v. 10.12.2015 (oben Fn. 46): „People are poor lie detectors [..., t]his isn't the kind of task we're naturally good at. There are clues that humans give naturally when they are being deceptive, but we're not paying close enough attention to pick them up. We're not counting how many times a person says ‚I' or looks up. We're focusing on a higher level of communication."

(2) DARE

Im Jahr 2017 entwickelten sodann *Wu et al.* von der *University of Maryland* und dem *Dartmouth College* mit ausdrücklicher Bezugnahme auf die Studie von *Pérez-Rosas et al.* das KI-System *DARE*. Das Akronym steht für *Deception Analysis and Reasoning Engine.*[178] *Wu et al.* trainierten *DARE* zunächst unter Vernachlässigung verbaler Signal- und Mustererkennungen nur speziell darauf, fünf Gesichtsausdrücke zu erkennen, die nach Ansicht der Forscher im Besonderen darauf hindeuten, dass jemand lügt, namentlich Stirnrunzeln, hochgezogene Augenbrauen, hochgezogene Lippenwinkel, vorspringende Lippen und seitliche Kopfdrehung. Für das Training nutzten *Wu et al.* 15 Videos aus Gerichtssälen. Sodann wurde *DARE* an einem weiteren Video und Probanden, die nicht Teil der vorherigen Trainingsmenge waren, getestet. Dabei erreichte *DARE* unter Einbeziehung verschiedener Klassifikatoren im Kontext einer zehnfachen Kreuzvalidierung eine Lügenerkennungsrate von knapp 88 %, so *Wu et al.*, und in Kombination mit menschlichen Annotationen habe man die Rate sogar auf 92 % steigern können.[179] Im Ergebnis stellten *Wu et al.* schließlich heraus, (auch) *DARE* sei „significantly better at predicting deception compared to humans".[180]

---

178 Hierzu und zum Folgenden insb. *Wu/Singh/Davis/Subrahmanian*, Deception Detection in Videos, in: arXiv.org, Artikel v. 12.12.2017, abrufbar unter https://arxiv.org/pdf/1712.04415.pdf; ferner https://doubaibai.github.io/DARE (jew. letzter Abruf: 12.5.2022); siehe darüber hinaus *Best*, The robot that knows when you're lying – Scientists create an AI that can detect deception in the courtroom (and it's already „significantly better" than humans), in: *MailOnline*, Artikel v. 20.12.2017, abrufbar unter https://www.dailymail.co.uk/sciencetech/article-5197747/AI-detects-expressions-tell-people-lie-court.html; *Iyengar/Sifry*, Can AI spot Liars?, in: *Medium*, Artikel v. 11.12.2019, abrufbar unter https://medium.com/swlh/can-ai-spot-liars-2410c2803495 (jew. letzter Abruf: 12.5.2022).

179 *Wu et al.*, in: arXiv.org, Artikel v. 12.12.2017 (oben Fn. 178), S. 1.

180 *Wu et al.*, in: arXiv.org, Artikel v. 12.12.2017 (oben Fn. 178), S. 7; vgl. auch *dies.*, zit. nach *Best*, in: *MailOnline*, Artikel v. 20.12.2017 (oben Fn. 178).

(3) AVATAR

Anders als bei den Entwicklungen von *Pérez-Rosas et al.* und *Wu et al.* geht es nun und zuletzt um ein weiteres ganzheitliches KI-System, das wiederum tatsächlich auch schon in Gebrauch ist. Es wird von seinen Entwicklern *AVATAR* genannt. „AVATAR is a kiosk, much like an airport check-in or grocery store self-checkout kiosk", sagt *Elkins*, Professor für *Management Information Systems* an der *San Diego State University* und einer der Entwickler von *AVATAR*.[181] „However", so *Elkins* weiter, „this kiosk has a face on the screen that asks questions of travelers and can detect changes in physiology and behavior during the interview. The system can detect changes in the eyes, voice, gestures and posture to determine potential risk. It can even tell when you're curling your toes."[182]

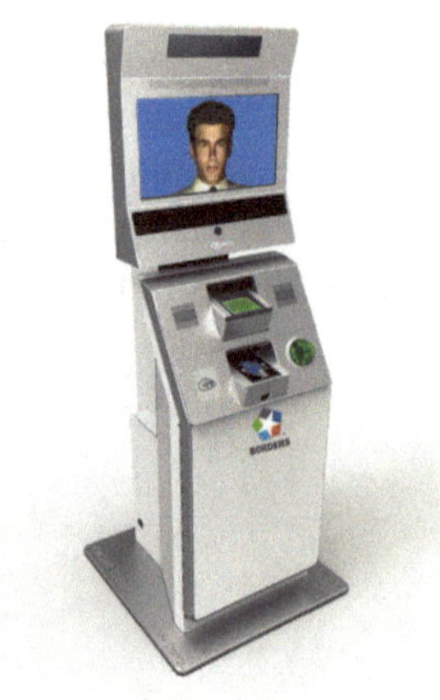

Abbildung 4: Stilisierter *AVATAR*-Kiosk

Der „Kiosk" (siehe Abbildung 4) ist primär eine Technologie für die Verkörperung eines virtuellen Grenzbeamten, was im Prinzip an *iBorderCtrl* erinnert, wobei letzteres kein feststehender Kiosk, sondern „portabel" ist und zudem in seiner Teileigenschaft als Lügendetektionsmechanismus nur non-verbale Signale und Muster auswertet.[183] Das Wort *AVATAR* ist die akronymische Abkürzung für *Automated Virtual Agent for Truth Assessments in Real-Time* und die Entwicklung von *AVATAR* begann bereits in den Jahren 2011/2012, also vor rund zehn Jahren, als eine Kooperation

181 Näher zur Person unter https://business.sdsu.edu/about/directory/aelkins (letzter Abruf: 12.5.2022).

182 *Elkins*, zit. nach *Finch*, The lie-detecting security kiosk of the future, in: *phys.org*, Artikel v. 28.12.2016, abrufbar unter https://phys.org/news/2016-12-lie-detecting-kiosk-future.html (letzter Abruf: 12.5.2022).

183 Zu *iBorderCtrl* schon ausführl. oben unter C.III.1.b.bb(3); vgl. – abgrenzungshalber – ferner den *Easykiosk* der Firma *Secunet*, der im Zuge des EU-Projekts *Smart*

des *US Department of Homeland Security* und der *San Diego State University*,[184] wobei *AVATAR* als Produkt der US-Firma *Discern Science International (DSI)* firmiert.[185]

AVATAR ist mit proprietären Algorithmen ausgestattet, um die komplexen biologischen Signale von Menschen zu verarbeiten und zu analysieren, die während eines automatisierten Interviews erzeugt werden. Konkret funktioniert *AVATAR* wie folgt: Das System stellt Reisenden Fragen und prüft die Antworten in Echtzeit anhand der physischen, kinetischen, stimmlichen, sprachlichen und okularen Signale der Reisenden auf ihren Wahrheitsgehalt. Die Reisenden werden daraufhin einer der Gruppen grün, gelb oder rot zugeteilt. Bei gelb oder rot folgt eine weitere Überprüfung durch das Personal. Wie andere Systeme mit KI wurde freilich auch *AVATAR* trainiert, um zu lernen.

Borders entstand und seitens der deutschen Bundespolizei zusammen mit dem *BSI* und dem *BVA* in den Jahren 2016/2017 etwa am Frankfurter Flughafen pilotweise eingesetzt wurde, aber der nur dazu dient, dass Einreisende aus Drittstaaten ihre Passdaten und biometrischen Merkmale selbst in das Grenzkontrollsystem einspeisen und so den Ablauf der Grenzkontrolle beschleunigen können; näher *BVA*, Smart Borders – Bundespolizei testet am Flughafen Frankfurt Selbstbedienungssystem zur Grenzkontrolle, Pressemitteilung v. 8.12.2016, abrufbar unter https://www.bva.bund.de/SharedDocs/Kurzmeldungen/DE/Aufgaben/S/SmartBorders/smartborders_ff.html; ferner z.B. *Borchers*, Smart Borders in FFM – Pilotprojekt für automatische Einreiseabfertigung, in: *heise online*, Artikel v. 9.12.2016, abrufbar unter https://www.heise.de/newsticker/meldung/Smart-Borders-in-FFM-Pilotprojekt-fuer-automatische-Einreiseabfertigung-3567805.html; siehe auch auf den Webseiten von *Secunet* unter https://www.secunet.com /pilotprojekt-smart-borders (jew. letzter Abruf: 12.5.2022).

184 Hierzu und zum Folgenden insb. *Daniels*, Lie-detecting computer kiosks equipped with artificial intelligence look like the future of border security, in: *CNBC*, Artikel v. 15.5.2018, abrufbar unter https://www.cnbc.com/2018/05/15/lie-detectors-with-artificial-intelligence-are-future-of-border-security.html (letzter Abruf: 12.5.2022); *Dye*, Avatar knows if you are lying – Sophisticated technology detects subtle clues of liars, in: *abc news*, Artikel v. 2.3.2011, abrufbar unter https://abcnews.go.com/Technology/high-tech-lie-detector-avatar-helps-border-guards/story?id=13032245 (letzter Abruf: 12.5.2022); *Finch*, in: *phys.org*, Artikel v. 28.12.2016 (oben Fn. 182); *Wätjen/Maisel*, Whitepaper am IAAI der HdM Stuttgart, 2019/2020 (oben Fn. 121), S. 4; siehe ferner die Webpräsenz von *DSI* zu *AVATAR* unter https://www.discernscience.com/avatar (letzter Abruf: 12.5.2022).

185 Siehe dazu insb. die Firmenpräsenz unter https://www.discernscience.com/avatar (letzter Abruf: 12.5.2022).

Abbildung 5: Foto der *AVATAR-Kiosks* am Flughafen von *Houston (Texas, USA)*

Schon früh erlaubte die US-Regierung die Erprobung von *AVATAR* an der Grenze zwischen den USA und Mexiko in *Nogales, Arizona*, allerdings zunächst nur an Reisenden, die sich freiwillig zur Teilnahme bereiterklärten. Aufgrund des Erfolgs des Systems wurde *AVATAR* seitdem auch an weiteren Standorten in den USA eingesetzt (siehe dazu Abbildung 5) und auch in Kanada und der EU wurde ein AVATAR-System getestet, insbesondere auf Flughäfen. Zugleich wurde *AVATAR* wissenschaftlichen Studien unterzogen, die ergaben, dass die Validitätsquote der Lügenerkennung von *AVATAR* je nach Kontext zwischen 80 % und 85 % liegt.

Die Anwendungsgebiete von *AVATAR* sieht *DSI* nebst Grenzen und Flughäfen vor allem bei Regierungseinrichtungen, öffentlichen Verkehrsknotenpunkten und z.B. bei Sportstadien.[186] „We've come to realize that this can be used not just for border security, but also for law enforcement, job interviews and other human resources applications as well", sagt *Elkins* und fügt hinzu: „We continue to make improvements, such as analyzing the collected data using Big Data analysis techniques that make AVATAR a potentially valuable tool across many industries."[187]

2. Technisches Zwischenfazit

Wie schon eingangs unter B.III ausgeführt, vermag ein typischer Mensch nur zu etwa 54 % eine wahre Aussage von einer Lüge zu unterscheiden; die Trefferquote liegt mithin nur knapp über dem Zufallsniveau. Aber selbst die durchschnittliche Trefferquote von Rich-

186 Siehe https://www.discernscience.com/avatar (letzter Abruf: 12.5.2022).

187 *Elkin*, zit. nach *Finch*, in: *phys.org*, Artikel v. 28.12.2016 (oben Fn. 182).

tern, Staatsanwälten und Polizisten, die häufig mit der Einschätzung des Wahrheitsgehalts einer Aussage zu tun haben, rangiert bei nur knapp 56 % und damit kaum höher als diejenige von Laien. Die Trefferquoten von Aussagepsychologen bzw. aussagepsychologischen Gutachten liegen demgegenüber bei etwa 70 % und auch Gutachten mit physiopsychologischen Polygraphen, also den analogen „Lügendetektoren 1.0", wird eine Trefferquote von typischerweise ebenfalls 70 % empirisch attestiert, wobei manche Studiendaten zwar noch höhere, sodann allerdings eher anzweifelbare Trefferquoten ausweisen.

Blickt man vor diesem Hintergrund, wie oben unter C.III.1.b ausführlich geschehen, schließlich auf KI-basierte Systeme zur Detektion und Auswertung von menschlichen Signalen und Mustern zwecks Wahrheits- bzw. Lügenerkennung, so verbleibt festzustellen, dass diese modernen „Lügendetektoren 2.0", ob sie nun einen verbalen, nonverbalen oder einen kombinierten Ansatz verfolgen, hinsichtlich ihrer Validität keinesfalls schlechter einzuordnen sein dürften. Denn auch wenn zu berücksichtigen ist, dass nicht allen empirischen Daten schlicht vertraut werden darf, etwa weil sie teils nur als Laboruntersuchungen entstanden und/oder Selbstangaben der Produktentwickler sind,[188] steht doch im Raum, dass die technischen Möglichkeiten der „Lügendetektion 2.0" bereits in großem Umfang vorhanden sind und zudem rasant weiterentwickelt werden. Die durchschnittlichen Trefferquoten seien hier noch einmal wie folgt synoptisch überblickt und zudem rechnerisch abstrahiert:

Die oben unter C.III.1.b ausgeführten KI-Systeme mit verbalen Musterkennungsansätzen zur Lügendetektion kommen zusammengerechnet auf eine durchschnittliche Trefferquote von 79,17 % (*Precire*: 72 %, *VeriPol*: 83 %, *Online Polygraph*: 82,5 %), diejenigen mit non-verbalen Musterkennungsansätzen auf durchschnittlich 87,75 % (*Silent Talker*: 80 %, *Facesoft*: 98 %, *iBorderCtrl*: 85 %, *EyeDetect*: 85 %) bzw. durchschnittlich 84,33 %, wenn man die tatsächlich wohl kaum belastbare Angabe von *Facesoft* („über 98 %") außen vor lässt, und dieje-

188 Krit. wie hier statt vieler z.B. *Wätjen/Maisel*, Whitepaper am IAAI der HdM Stuttgart, 2019/2020 (oben Fn. 121), S. 6.

nigen KI-Systeme mit kombinierten Mustererkennungsansätzen auf durchschnittlich 82,67 % (*Real-life-Trial-Data-Analysis*: 75 %, *DARE*: 88 %, AVATAR: 85 %). Im Ganzen ist für die „Lügendetektion 2.0“ anhand der oben unter unter C.III.1.b ausgeführten KI-Systeme mithin eine Validitätsquote der Wahrheits- bzw. Lügenerkennung von durchschnittlich 83,35 % (mit *Facesoft*) bzw. 81,72 % (ohne *Facesoft*) errechenbar. Und auch wenn die hier errechnete Validitätsquote der modernen KI-Lügendetektion sicherlich kein exakt repräsentativer Wert sein kann, so dürfte sie doch in eben dieser Größenordnung, also bei rund 80 % liegen und damit die Treffergenauigkeit selbst von aussagepsychologischen Gutachten und Gutachten mit physiopsychologischen Polygraphen um etwa 10 % übersteigen. Kurz gesagt: Die moderne, KI-basierte „Lügendetektion 2.0“ ist treffsicherer als alle anderen Methoden der Wahrheitsfindung bzw. Lügendetektion und zudem längst nicht am Ende ihrer Entwicklung. Eine 100-prozentige Trefferquote bleibt freilich eutopisch und darf daher von einer KI – ebenso wie bei allen Methoden – nicht erwartet werden. Um die Trefferquoten der modernen technischen Lügendetektion noch weiter zu steigern, böte sich nebst der Weiterentwicklung der bisherigen verbalen, non-verbalen und kombinierten Ansätze an, letzteren – den kombinierten Ansatz – noch weiter zu kombinieren, namentlich mit den vom klassischen Polygraphen bekannten Parametermessungen von Puls, Atemfrequenz etc.[189] Man könnte insofern von einem „kombiniert-kombinierten“ oder „doppelt kombinierten“ Ansatz sprechen, der die jahrzehntelangen Erkenntnisse der analogen, polygraphischen „Lügendetektion 1.0“ in die „Lügendetektion 2.0“ einbezieht, dies nicht nur zur Fortentwicklung, sondern auch zur Standsicherung.

Zuzugeben ist schließlich, dass mit dem Einsatz der modernen Digitaltechnik und von *KI* auch die üblichen besonderen Probleme hinzutreten. So ist insbesondere das bekannte Dilemma zu nennen, dass die Stärke einer KI durchaus zugleich ihre Schwäche ist. Denn je

189 Vgl. dazu *Burzo*, zit. nach *Moore*, in: *Michigan News*, Artikel v. 10.12.2015 (oben Fn. 46); vgl. ferner z.B. *Gerhold*, ZIS 2020, 431 (434), der angesichts der „hohen Trefferquoten“ der bisherigen KI-basierten Ansätze „ein[en] körperliche[n] Kontakt zur untersuchten Person“ für „nicht mehr erforderlich“ erachtet.

komplexer die trainierten, selbstlernenden Algorithmen werden, desto weniger wird deren Entscheidung menschlich nachvollziehbar.[190] Darüber hinaus ist die Datensicherheit freilich ein zentraler Aspekt und es muss sich die Frage gestellt werden, wie sensibel die Daten sind, die durch einen KI-basierten Lügendetektor erhoben und gespeichert werden, und wie hoch daher die Gefahr eines Hacker-Angriffs ist. Diese und weitere Probleme und Überlegungen sind allerdings prinzipiell nicht spezifisch, d.h. nicht allein bei der KI-Lügendetektion vorkommend, und so ist mit ihnen wie stets beim Einsatz von Digitaltechnik, Cloudspeichern etc. und deren rasanter Entwicklung umzugehen.

190 Hierzu und zum Folgenden speziell mit Blick auf KI-Lügendetektoren z.B. *Wätjen/Maisel*, Whitepaper am IAAI der HdM Stuttgart, 2019/2020 (oben Fn. 121), S. 6; zur Bezeichnung „Dilemma" vgl. *Rodenbeck*, StV 2020, 479 (483).

D. Rechtliche Leitlinien des Einsatzes moderner Legal Tech zur Wahrheitserkennung bei Interviews in Internal Investigations

Auf der Basis, dass die moderne, KI-basierte „Lügendetektion 2.0" mit einer belastbaren Trefferquote von 80 % treffsicherer als alle anderen Methoden der Wahrheitsfindung bzw. Lügendetektion ist und zudem längst nicht am Ende ihrer Entwicklung steht, sei nun zurückgekommen auf den Ausgangspunkt der vorliegenden Schrift, d.h. den Einsatz der „Lügendetektion 2.0" bei Interviews im Rahmen von Internal Investigations, und jetzt die rechtskonforme Konzeptualisierung eines solchen Einsatzes. Auf der nun betretenen Rechtsebene ist zwar einerseits längst nicht mehr zu bedenken, dass der Einsatz von jedwedem Lügendetektor als „Einblick in die Seele" des Menschen per se gegen die verfassungsrechtlich geschützte Menschenwürde verstoßen könnte, wie es seit BGHSt 5, 332 zunächst noch in ständiger Rechtsprechung gemeint wurde, aber seit der Rechtsprechungsänderung durch BGHSt 44, 308 und damit seit über 20 Jahren keinen Bestand mehr hat.[191] Gleichwohl ist andererseits schon nicht außer acht zu lassen, dass nach allgemeiner Ansicht weder in einem staatlichen, noch in einem privatwirtschaftlichen Verfahren wie Internal Investigations jemand zu einem Lügendetektortest gezwungen werden darf, mithin der Einsatz von Lügendetektoren stets und überall unter der Grundbedingung der Freiwilligkeit steht.[192] Es kommt hinzu, dass es höchst problematisch ist, Lügendetektoren zu *Be*lastungszwecken einzusetzen, d.h., um einen Verdacht bzw. eine unwahre Aussage zu belegen. Entsprechend darf

---

191 Dazu schon näher und m.w.N. oben C.II.2.

192 Siehe insb. BGHSt 44, 308; BGH, NStZ 2011, 474; *Diemer*, in: KK StPO, § 136a Rn. 34; strenger noch BGHSt 5, 332.

und kann es von vorneherein mithin nur um den Einsatz von Lügendetektionssystemen zu *Ent*lastungszwecken gehen, sodass besser allein von *Wahrheits*detektionssystemen gesprochen werden könnte.

Aus der so in einem ersten rechtlichen Zugriff schon zu fokussierenden Perspektive sei folgender fiktiver, gleichwohl alltäglich möglicher Fall zur Veranschaulichung eingebracht und damit zugleich bereits die neue Perspektive angedeutet, um die es geht:

> *In einem Wirtschaftsunternehmen, nehmen wir als Beispiel den Autobauer BMW, wird bemerkt, dass diverse Baupläne der neuen Motorenausbaustufe von einem Insider an den Konkurrenten Mercedes verkauft worden sind. Internal Investigations werden geführt und der Kreis der Verdächtigen kann auf 15 Mitarbeiter zugespitzt werden. Alle 15 Mitarbeiter bestreiten freilich, die Tat begangen zu haben. Um sich möglichst nachhaltig vom Verdacht zu befreien, bieten einige Mitarbeiter von sich aus einen Lügendetektortest an. Sie weisen darauf hin, dass die heutige Lügendetektortechnologie weit vorgeschritten sei und insbesondere KI-basierte Lügendetektionssysteme hohe Zuverlässigkeitsquoten von mehr als 80 % aufwiesen und andere Methoden der Aussagewahrheitsüberprüfung deutlich – zu 25 bis 30 % gegenüber jedem normalen Menschen, zu 25 bis 20 % gegenüber justiziellen Aussagebeurteilern wie Richtern, Staatsanwälten und Polizeibeamten und zu rund 10 % selbst gegenüber aussagepsychologischen Gutachten und ähnlich hoch auch gegenüber physiopsychologischen Polygraphentests – überträfen. Selbst die EU habe unlängst ein solches modernes Lügendetektionssystem (iBorderCtrl) getestet. Das Angebot, sich einem modernen Lügendetektionssystem zu stellen, verbinden die Mitarbeiter allerdings zum einen mit der Bedingung, dass, wenn der Wahrheitstest erwartungsgemäß positiv ausfalle, keine einzige weitere Ermittlung gegen den jeweiligen Mitarbeiter durchgeführt werde und er insoweit als vom Verdacht völlig befreit zu gelten habe. Zum anderen ist die Bedingung, dass, wenn der Test nicht bestanden werde, man so gestellt sei, als wenn man ihn nie angetreten hätte.*

I. Datenverarbeitung im Arbeitsverhältnis bei Interviews mittels KI-Wahrheitsdetektion

Der rechtliche Blick ist zuvorderst darauf zu lenken, dass es bei KI-Lügendetektionssystemen in Interviews freilich um die Verarbeitung personenbezogener Daten i.S.d. Art. 4 Nr. 1 und Nr. 2 DSGVO[193] geht.[194] Es ist daher das Datenschutzrecht, genauer: das Arbeitnehmerdatenschutzrecht zu fokussieren und hier nebst Regelungen der DSGVO insbesondere § 26 BDSG, der in Ausformung der Öffnungsklausel des Art. 88 DSGVO gegenüber der EU-Verordnung speziellere und damit vorrangig anwendbare Regelungen zur „Datenverarbeitung für Zwecke des Beschäftigungsverhältnisses" enthält,[195] wobei „Beschäftigte" nach der Legaldefinition in § 26 Abs. 8 BDSG insbesondere „Arbeitnehmerinnen und Arbeitnehmer" (Satz 1 Nr. 1) sind. Die Anwendbarkeit des BDSG bei Internal Investigations durch privatwirtschaftliche Unternehmen in Deutschland („nichtöffentliche Stellen") ergibt sich ferner grundlegend aus § 1 Abs. 1 Satz 2, Abs. 4 Satz 2 BDSG, die darüber hinaus hilfsweise bzw. ergänzende Anwendbarkeit der DSGVO aus Art. 2 Abs. 1 und Art. 3 DSGVO. Verantwortlich für die Einhaltung des Datenschutzes ist nach der Legaldefinition des Art. 4 Nr. 7 DSGVO

193 Art. 4 Nr. 1 DSGVO definiert „personenbezogene Daten" als „alle Informationen, die sich auf eine identifizierte oder identifizierbare natürliche Person (im Folgenden „betroffene Person") beziehen; als identifizierbar wird eine natürliche Person angesehen, die direkt oder indirekt, insbesondere mittels Zuordnung zu einer Kennung wie einem Namen, zu einer Kennnummer, zu Standortdaten, zu einer Online-Kennung oder zu einem oder mehreren besonderen Merkmalen, die Ausdruck der physischen, physiologischen, genetischen, psychischen, wirtschaftlichen, kulturellen oder sozialen Identität dieser natürlichen Person sind, identifiziert werden kann"; Art. 4 Nr. 2 DSGVO definiert „Verarbeitung" sodann als „jeden mit oder ohne Hilfe automatisierter Verfahren ausgeführten Vorgang oder jede solche Vorgangsreihe im Zusammenhang mit personenbezogenen Daten wie das Erheben, das Erfassen, die Organisation, das Ordnen, die Speicherung, die Anpassung oder Veränderung, das Auslesen, das Abfragen, die Verwendung, die Offenlegung durch Übermittlung, Verbreitung oder eine andere Form der Bereitstellung, den Abgleich oder die Verknüpfung, die Einschränkung, das Löschen oder die Vernichtung".

194 Zu *besonderen* persönlichen Daten noch speziell unten unter D.I.3.

195 *Riesenhuber*, in: BeckOK Datenschutzrecht, § 26 BDSG Rn. 20 m.w.N.; ausführl. schon z.B. *Gola*, BB 2017, 1462 ff.

„die natürliche oder juristische Person, Behörde, Einrichtung oder andere Stelle, die allein oder gemeinsam mit anderen über die Zwecke und Mittel der Verarbeitung von personenbezogenen Daten entscheidet", hier bei Internal Investigations vor allem also der Arbeitgeber.

1. Erlaubnistatbestand des § 26 Abs. 2 BDSG (Einwilligung)

Soweit die Mitarbeiter – wie in obiger Fallkonstellation geschildert und bei Lügendetektortests der einzig rechtlich tragfähige Ansatzpunkt – aus eigenem Willen heraus anbieten, zu ihrer Entlastung einen KI-Lügendetektortest zu absolvieren, lenkt dies den Fokus vor allem auf das Rechtsinstitut der „Einwilligung" und damit speziell den beschäftigtendatenschutzrechtlichen § 26 Abs. 2 BDSG.

§ 26 Abs. 2 BDSG geht im Lichte des Art. 6 Abs. 1 Satz 1 lit. a DSGVO schlicht davon aus, dass es auch im Beschäftigtendatenschutzrecht das Institut der Einwilligung in Datenverarbeitungsvorgänge gibt.[196] Die Norm regelt daher angelehnt an die Legaldefinition der Einwilligung in Art. 4 Nr. 11 DSGVO – „jede freiwillig für den bestimmten Fall, in informierter Weise und unmissverständlich abgegebene Willensbekundung in Form einer Erklärung oder einer sonstigen eindeutigen bestätigenden Handlung, mit der die betroffene Person zu verstehen gibt, dass sie mit der Verarbeitung der sie betreffenden personenbezogenen Daten einverstanden ist" – nur mehr die formellen und materiellen Anforderungen genauer. In formeller Hinsicht hat die Einwilligung gemäß § 26 Abs. 2 Satz 3 und 4 BDSG grundsätzlich schriftlich oder elektronisch zu erfolgen und der Arbeitgeber hat den Beschäftigten über den Zweck der Datenverarbeitung und das Widerrufsrecht in

196 Dazu und auch zur auf europäischer und nationaler Ebene rechtspolitischen Umstrittenheit der Einwilligung als datenschutzrechtlicher Erlaubnistatbestand im Beschäftigungsverhältnis näher und m.w.N. z.B. *Gola*, in: ders./Heckmann, BDSG, § 26 Rn. 131; *Riesenhuber*, in: BeckOK Datenschutzrecht, § 26 BDSG Rn. 43 f.; zum Charakter der Einwilligung als tatbestandsausschließendes Einverständnis ausführl. *Riesenhuber*, RdA 2011, 257 f.; zur verfassungsrechtlichen Sicht als Ausübung des Rechts auf informationelle Selbstbestimmung schon *Geiger*, NVwZ 1989, 35 (37).

Textform (Art. 7 Abs. 3 DSGVO) aufzuklären. In materieller Hinsicht geht es schließlich allein um die „Freiwilligkeit" der Einwilligung.[197] Zu berücksichtigen sind dabei nach § 26 Abs. 2 Satz 1 BDSG „insbesondere die im Beschäftigungsverhältnis bestehende Abhängigkeit der beschäftigten Person sowie die Umstände, unter denen die Einwilligung erteilt worden ist," und nach Satz 2 kann Freiwilligkeit „insbesondere vorliegen, wenn für die beschäftigte Person ein rechtlicher oder wirtschaftlicher Vorteil erreicht wird oder Arbeitgeber und beschäftigte Person gleichgelagerte Interessen verfolgen".

Vor diesem gesetzlichen Hintergrund ist nebst der Einhaltung der genannten formellen Anforderungen für eine materiell wirksame Einwilligung im Falle des KI-Lügendetektortests bei einem Interview erstens wesentlich, dass das Angebot bzw. zumindest die Entscheidung, sich einem solchen zu stellen, vom Arbeitnehmer selbst kommt, also jedenfalls nicht der Fall vorliegt, dass der Arbeitgeber den Test auf Basis seines Weisungsrechts (§ 106 GewO) anordnet, worin läge, dass er die „im Beschäftigungsverhältnis bestehende Abhängigkeit" des Arbeitnehmers (§ 26 Abs. 2 Satz 1 Var. 1 BDSG) ausnutzen würde. Auch darf der Arbeitgeber nicht etwa durch Andeutung, gar Androhung einer Verdachtskündigung die „Umstände" zur Einwilligungserteilung (§ 26 Abs. 2 Satz 1 Var. 2 BDSG) nutzen. Darüber hinaus ist zweitens entscheidend, dass der Test allein der Entlastung dienen, mithin dem Arbeitnehmer selbst bei Nichtbestehen oder fehlender Eindeutigkeit des Tests – vgl. dazu die obigen Ausführungen unter C. und insb. die pointierte Zusammenfassung unter C.III.2 zur sehr hohen, d.h. mindestens 80-prozentigen, aber freilich keinesfalls 100-prozentigen Validitätsquote von KI-Lügendetektortests – kein Nachteil erwachsen darf.

---

197 Dazu insb. schon BAG, NZA 2015, 604 (607): „Auch im Rahmen eines Arbeitsverhältnisses können Arbeitnehmer sich grundsätzlich ‚frei entscheiden', wie sie ihr Grundrecht auf informationelle Selbstbestimmung ausüben wollen. Dem steht weder die grundlegende Tatsache, dass Arbeitnehmer abhängig Beschäftigte sind noch das Weisungsrecht des Arbeitgebers, § 106 GewO, entgegen. Mit der Eingehung eines Arbeitsverhältnisses und der Eingliederung in einen Betrieb begeben sich die Arbeitnehmer nicht ihrer Grund- und Persönlichkeitsrechte."; m.w.N. zur heute jedenfalls veralteten Gegenauffassung *Gola*, in: ders./Heckmann, BDSG, § 26 Rn. 131; *Riesenhuber*, in: BeckOK Datenschutzrecht, § 26 BDSG Rn. 46.

Dies ist ein Punkt, der nebst den typischen weiteren Voraussetzungen einer wirksamen Einwilligung i.S.d. Art. 4 Nr. 11 DSGVO[198] mit besonderer Wachsamkeit zu sehen ist, denn ausdrücklich heißt es etwa schon in EG 42 S. 5 DSGVO: „Es sollte nur dann davon ausgegangen werden, dass sie [die betroffene Person, *CT*] ihre Einwilligung freiwillig gegeben hat, wenn sie eine echte oder freie Wahl hat und somit in der Lage ist, die Einwilligung zu verweigern oder zurückzuziehen, ohne Nachteile zu erleiden." Kurz und entsprechend dem obigen Fallbeispiel wiederholt gesagt: Besteht der Arbeitnehmer den Test nicht, muss er so gestellt sein, als wenn er den Test nie angetreten hätte. Allein unter dieser Bedingung ist gewährleistet, dass durch den KI-Lügendetektortest für den Arbeitnehmer nur ein „Vorteil" (§ 26 Abs. 2 Satz 2 Var. 1 BDSG) erreicht wird, also die Wirksamkeit der Einwilligung nicht an einem Nachteil für den Arbeitnehmer scheitert, auch wenn Arbeitgeber und Arbeitnehmer überdies freilich mit dem Test „gleichgelagerte Interessen" (§ 26 Abs. 2 Satz 2 Var. 2 BDSG) verfolgen, namentlich hier die beidseitig intendierte Bestätigung der Wahrheit der Interviewaussage.

2. Erlaubnistatbestände des § 26 Abs. 1 BDSG

Ergänzend zur Einwilligung sind die Erlaubnistatbestände in § 26 Abs. 1 BDSG und die Möglichkeit zu sehen, dass durch sie etwaige Unsicherheiten hinsichtlich der materiellen Wirksamkeit einer Einwilligung, insbesondere: die recht hohen Anforderungen an die Vorteilhaftigkeit von Einwilligungen im Beschäftigtenverhältnis aufgefangen werden könnten, zumal nach h.M. zwischen den Erlaubnistatbeständen grundsätzlich kein Rückgriffsverbot besteht.[199] Allerdings gilt

198 Dazu schon oben in diesem Abschnitt; ferner dürfte zwecks wirksamer Einwilligung unter den Gesichtspunkten von Informiertheit und Transparenz zwar nicht der Algorithmus einer KI aufgedeckt, aber doch zumindest die Wirkungsweise der KI erläutert werden müssen, vgl. hierzu z.B. *Holthausen*, RdA 2021, 19 (25).

199 Das zentrale Argument der h.M. ist, dass die Erlaubnistatbestände des § 26 BDSG ebenso wie die Erlaubnisnormen des Art. 6 Abs. 1 DSGVO vom Wortlaut des Gesetzes („rechtmäßig, wenn mindestens eine der nachstehenden Bedingungen

auch das Prinzip von Treu und Glauben und die Transparenzpflicht bei der Datenverarbeitung (Art. 5 Abs. 1 lit. a DSGVO), sodass es sich freilich richtigerweise prinzipiell verbietet, dem Arbeitnehmer zu suggerieren, dass seine Daten nur wegen seiner Einwilligung verarbeitet werden dürften, und zwischen einer Erlaubnis infolge Einwilligung und anderen Erlaubnistatbeständen willkürlich zu wechseln.[200] Eben diese letztgenannten Aspekte sprechen nun durchaus schon dafür, dass im spezifischen Fall des KI-Lügendetektortests bei einem Interview der Arbeitgeber das Entlastungsangebot des Arbeitnehmers bzw. dessen Einwilligung nicht kurzerhand annehmen und sich etwa im Falle der rechtlichen Unwirksamkeit der Einwilligung oder ihres Widerrufs schlicht auf einen anderen Erlaubnistatbestand berufen darf. Denn der Arbeitnehmer vertraut darauf, dass es nur seine Einwilligung ist, die den Lügendetektortest als spezifische, d.h. über andere Methoden hinausgehend besonders stark und datenvielfältig in sein Recht auf informationelle Selbstbestimmung eingreifende Wahrheitsüberprüfungsmaßnahme legitimiert. Mithin ist zwar aus Arbeitgebersicht jedenfalls deutliche Vorsicht geboten, die Datenverarbeitung bei einem KI-Lügendetektortest hilfsweise auf andere Erlaubnisgründe als eine Einwilligung zu stützen, gleichwohl bleibt dies im Ausgangspunkt mit der h.M., nach der eben kein grundsätzliches Rückgriffsverbot gilt, nicht per se ausgeschlossen. Aus eben diesem Grund erscheint es geboten, ergänzungshalber nebst des § 26 Abs. 2 BDSG (Einwilligung) die weiteren Erlaubnistatbestände in § 26 Abs. 1 BDSG und deren Voraussetzungen zu betrachten. Dies ist hier auch deshalb schon nicht fernliegend, weil nebst des § 26 Abs. 1 Satz 2 BDSG als Generalklausel der § 26 Abs. 1 Satz 2 BDSG sogar eine Ermittlungs- bzw. „Compli-

erfüllt") gleichrangig nebeneinanderstehen; für diese h.M. z.B. *Albers/Veit*, in: BeckOK, Datenschutzrecht, Art. 6 DSGVO, Rn. 24; zum Meinungsstand zur Frage „Best of both worlds?" ausführl. m.w.N. *Schneider*, CR 2017, 568 ff.

200 *DSK*, Kurzpapier Nr. 20 – Einwilligung nach der DSGVO, Stand: 22.9.2019, abrufbar unter https://www.datenschutzkonferenz-online.de/kurzpapiere.html (letzter Abruf: 12.5.2022); vgl. z.B. auch *Buchner/Petri*, in: Kühling/Buchner, DSGVO/BDSG, Art. 6 DSGVO Rn. 23; a.A. z.B. *Albers/Veit*, in: BeckOK, Datenschutzrecht, Art. 6 DSGVO, Rn. 25.

anceklausel“[201] ist, genauer: ausdrücklich ein besonderer Erlaubnistatbestand für Datenverarbeitungen zur „Aufdeckung von Straftaten“.

a. § 26 Abs. 1 Satz 2 BDSG (Straftataufdeckungsklausel)

§ 26 Abs. 1 Satz 2 BDSG kann auch ohne Einwilligung eines Arbeitnehmers die Verarbeitung personenbezogener Daten zwecks „Aufdeckung von Straftaten“ zulassen. Die Norm ist allerdings deutlich restriktiv[202] verfasst, indem es heißt, dass personenbezogene Daten von Beschäftigten „nur dann“ verarbeitet werden dürfen, wenn „zu dokumentierende tatsächliche Anhaltspunkte“ den „Verdacht“ begründen, „dass die betroffene Person im Beschäftigungsverhältnis eine Straftat begangen hat“, ferner die Datenverarbeitung „zur Aufdeckung erforderlich“ ist und dem schließlich kein überwiegendes schutzwürdiges Interesse des Betroffenen entgegensteht, also „insbesondere Art und Ausmaß im Hinblick auf den Anlass nicht unverhältnismäßig“ sind.

Angesichts des Wortlauts lässt § 26 Abs. 1 Satz 2 BDSG freilich nur repressive Compliance-Maßnahmen der Datenverarbeitung zu und dabei auch nur solche, die der Aufdeckung einer „Straftat“ (Verbrechen und Vergehen i.S.v. § 12 StGB) dienen. Geht es nur um eine Ordnungswidrigkeit[203] oder arbeitsvertragliche Verfehlungen eines Arbeitnehmers, greift die Norm nicht (genauer: jedenfalls nicht unmittelbar[204]).[205] Nichts anderes gilt freilich auch für die hier gegenständlichen Ermittlungen mittels KI-Lügendetektortests. Allein soweit Straftaten im Raum stehen, verbleibt sodann das weitere Erfordernis, dass

201 Vgl. *Riesenhuber*, in: BeckOK Datenschutzrecht, § 26 BDSG Rn. 129.

202 Vgl. nur *Riesenhuber*, in: BeckOK Datenschutzrecht, § 26 BDSG Rn. 130 („strenge Voraussetzungen“).

203 Dazu, dass Ordnungswidrigkeiten keine Straftaten sind, vgl. nur § 21 OWiG.

204 Dazu noch sogleich unten unter D.I.2.b.

205 *Gola*, in: ders./Heckmann, BDSG, § 26 Rn. 124; *Riesenhuber*, in: BeckOK Datenschutzrecht, § 26 BDSG Rn. 130; vgl. auch BAG, NZA 2017, 1179 (1182) zur Parallelnorm des § 32 Abs. 1 Satz 1 und 2 BDSG a.F.; dazu und zur fortwährenden Aktualität dieser Rspr. z.B. BAG, NZA 2021, 959 (962); *Gola*, a.a.O., Rn. 125.

ein zumindest einfacher Verdacht mit tatsächlichen Ansatzpunkten[206] vergleichbar der Anfangsverdachtsschwelle des § 152 Abs. 2 StPO („zureichende tatsächliche Anhaltspunkte")[207] dafür besteht, dass „die betroffene Person" eine Straftat begangen hat. Das *BAG* fasst diesen „insoweit missverständlichen Wortlaut der Norm" allerdings mit dogmatisch fundiertem und zudem lebensnahem Blick dergestalt weiter, dass von einer Ermittlungsmaßnahme nicht ausschließlich Arbeitnehmer betroffen sein können, hinsichtlich derer es bereits einen konkretisierten Verdacht gebe; der Kreis der Verdächtigen müsse zwar möglichst eingegrenzt sein, aber es sei nicht zwingend notwendig, die Maßnahme in einer Weise zu beschränken, dass von ihr ausschließlich Personen erfasst würden, bezüglich derer bereits ein konkretisierter Verdacht bestehe.[208] So geht es auch im Fall von KI-Lügendetektortests im Kreise von anfangsweise Verdächtigen schließlich um das entscheidende Erfordernis des § 26 Abs. 1 Satz 2 BDSG, dass der KI-Lügendetektortest „erforderlich" sein muss und dass ihm keine schutzwürdigen Betroffeneninteressen entgegenstehen dürfen. Hier ist nun freilich zu bedenken, dass es auch andere Mittel, namentlich Befragungen durch menschliche Ermittler als milderes, d.h. weniger dateneingriffsintensives Mittel gibt; aber es stellt sich, wie typisch bei Erforderlichkeitsprüfungen, ebenfalls die Frage der vergleichbaren Effektivität.[209] Und insofern ist hier auf den Vergleich der Treffgenauigkeit von menschlichen (bestenfalls maximal 70 %) und technischen, erst recht KI-basierten Lügendetektionen (mindestens 80 %) zu verweisen.[210] Es verbleibt so nach der hier vertretenen Ansicht allein die Frage, ob schutzwürdige Interessen des von einem KI-Lügendetektortest Betroffenen entge-

206 Vgl. BAG, NZA 2021, 959 (962); dass., NZA 2017, 112 (114 f.); *Gola*, in: ders./Heckmann, BDSG, § 26 Rn. 124; *Riesenhuber*, in: BeckOK Datenschutzrecht, § 26 BDSG Rn. 134.

207 Zur Niedrigkeit und Schlichtheit der Anfangsverdachtsschwelle der StPO ausführl. *Trentmann*, JR 2015, 571 (575 ff.).

208 BAG, NZA 2021, 959 (962); vgl. ferner z.B. BAG, NZA 2017, 112 (114 f.); grundl. BAG, NZA 2003, 1193 (1194 f.); dazu z.B. *Gola*, BB 2017, 1462 (1466 f.).

209 Vgl. *Perron/Eisele*, in: Schönke/Schröder, StGB, § 32 Rn. 36 f. („relativ mildeste", „gleich wirksam"); insofern zu kurz greifend *Riesenhuber*, in: BeckOK Datenschutzrecht, § 26 BDSG Rn. 136.

210 Dazu ausführl. oben unter C.III.1.b und pointiert unter C.III.2.

genstehen. Gerade weil nun die Einwilligung des Betroffenen, genauer: sein Entlastungsangebot unter der Bedingung, dass nur positive, nicht aber negative Schlüsse seitens des Arbeitgebers gezogen werden dürfen, der eigentlich legitimierende Faktor der Datenverarbeitung ist, sollte sich ein Arbeitgeber keinesfalls auf § 26 Abs. 1 Satz 2 BDSG als ergänzende bzw. hilfsweise Erlaubnis zur Datenverarbeitung bei KI-Lügendetektortests verlassen. Anders ausgedrückt: Die Einwilligung des Arbeitnehmers verbleibt entscheidend.

b. § 26 Abs. 1 Satz 1 BDSG (Generalklausel)

Soweit § 26 Abs. 1 Satz 2 BDSG seinem Wortlaut nach nur als Erlaubnis zur Aufdeckung einer „Straftat" gilt, könnte unterhalb dieser Schwelle – d.h. unterhalb der Straftatschwelle, insbesondere bei Ordnungswidrigkeiten oder bei gravierenden Arbeitsvertragsverletzungen – die Generalklausel des § 26 Abs. 1 Satz 1 BDSG als Erlaubnisgrund zur Datenverarbeitung in Form von KI-Lügendetektortests wiederum ergänzend bzw. hilfsweise nebst einer (vermeintlich rechtlich unsicheren) Einwilligung des Betroffenen belastbar sein können. Nur für den Bereich der Aufdeckung von Straftaten ist dies aus systematischen Gründen, d.h. mit Blick auf die Spezialregelung des § 26 Abs. 1 Satz 2 BDSG verwehrt, darüber hinaus (bzw. darunter) jedoch nicht. Die Spezialregelung entfalte, so das *BAG*,[211] zwar keine „Sperrwirkung", aber sie strahlt nach dem *BAG* schon bei „gravierenden Arbeitsvertragsverletzungen", erst recht also wohl bei Ordnungswidrigkeiten, in die Generalklausel des § 26 Abs. 1 Satz 1 BDSG ein und sie schärft mithin die dortigen Erlaubnisvoraussetzungen entsprechend. Es gilt hier daher nichts anderes als das oben unter D.I.2.a bereits Ausgeführte, sodass es sich erübrigt, auf die ansonsten freilich etwas großzügigeren Tatbestandsvoraussetzungen der Generalklausel einzugehen, und letztlich nur erneut zu konstatieren ist: Die Einwilligung des Arbeitnehmers verbleibt entscheidend.

211 BAG, NZA 2017, 1179 (1182); dazu schon oben Fn. 205.

3. Erlaubnisqualifizierung des § 26 Abs. 3 BDSG für besondere persönliche Daten

Im Weiteren darf nun nicht übersehen werden, dass es schon an sich bei Interviews im Rahmen von Internal Investigations auch um die Preisgabe tatsächlich und persönlichkeitsrechtlich besonders sensibler Daten gehen kann, die also bei Offenbarung „besondere Risiken" (*Gola*[212]) für die betroffene Person mit sich bringen, so etwa wenn der Gegenstand der Ermittlungen der Vorwurf einer sexuellen Belästigung ist und hierzu Fragen zum Sexualleben oder zur sexuellen Orientierung relevant sind oder wenn dem Vorwurf einer spezifischen Beleidigung nachgegangen wird und dieser wiederum Fragen zur ethnischen Herkunft, zu politischen Meinungen oder zu religiösen respektive weltanschaulichen Überzeugungen erforderlich macht.[213] Bei einem KI-Lügendetektortest kommt ferner hinzu, dass die KI funktionsnotwendigerweise Daten zu den physischen, physiologischen oder verhaltenstypischen Merkmalen einer Person erhebt, speichert und auswertet und dass auch diese biometrischen Daten nicht anders als solche der vorgenannten Kategorien besonders sensibel sein können, d.h. mehr als „normale" personenbezogene Daten wie Name oder Anschrift einer Person.

Der Erkenntnis, dass es nebst „normaler" auch *besondere* personenbezogene Daten gibt und diese entsprechend besonders schützenswert sind, trägt das Gesetz vor allem in Art. 9 DSGVO Rechnung, der ein „bekräftigtes Verbot mit Erlaubnisvorbehalt" (*Gola*[214]) ist. Die Norm verbietet in ihrem Abs. 1 die Verarbeitung von besonderen personenbezogenen Daten, zu denen nebst den oben genannten Kategorien (wobei hier freilich vor allem die biometrischen Daten und deren

---

212 Vgl. z.B. *Gola*, BB 2017, 1462 (1468): „besondere Risiken" für die betroffene Person.

213 Man denke ferner gerade in der aktuellen Corona-Pandemie-Zeit z.B. auch an Beleidigungen von oder gegenüber Personen, die sich impfen oder nicht impfen lassen bzw. gar „querdenken".

214 *Gola*, BB 2017, 1462 (1468).

Legaldefinition in Art. 4 Nr. 14 DSGVO[215] zu sehen sind) ferner Daten der rassischen Herkunft, der Gewerkschaftszugehörigkeit sowie genetische Daten und Gesundheitsdaten gehören, zunächst ganz allgemein; in Abs. 2 lässt sie sodann aber in abschließend enumerierten Fällen Verarbeitungsausnahmen zu. Speziell für das Beschäftigungsverhältnis, d.h. insbesondere das Verhältnis zwischen Arbeitgeber und Arbeitnehmer,[216] findet sich die Konkretisierung des Art. 9 DSGVO in dem besonderen Ausnahmeerlaubnistatbestand des § 26 Abs. 3 BDSG. Danach sind Verarbeitungen von besonderen persönlichen Daten i.S.d. Art. 9 DSGVO zulässig, wenn sie zur Ausübung von Rechten oder zur Erfüllung rechtlicher Pflichten aus dem Arbeitsrecht, dem Recht der sozialen Sicherheit und des Sozialschutzes erforderlich sind und kein Grund zu der Annahme besteht, dass das schutzwürdige Interesse der betroffenen Person an dem Ausschluss der Verarbeitung überwiegt, so Satz 1 der Norm. Gemäß Satz 2 ist darüber hinaus entsprechend Art. 9 Abs. 2 lit. a DSGVO eine Einwilligung des Betroffenen möglich, aber die Einwilligung muss sich „ausdrücklich auf diese Daten beziehen". Es geht mithin um eine „qualifizierte Einwilligung" (*Riesenhuber*[217]), der es – schon angesichts der Verarbeitung biometrischer Daten – auch bei KI-Lügendetektortests bedarf.

4. Erlaubnisqualifizierung des Art. 22 Abs. 2 bis 4 DSGVO für automatisierte Entscheidungen

Schließlich kann für KI-Lügendetektortests unter dem Gesichtspunkt „Lügendetektor 2.0" der Art. 22 DSGVO relevant und daher gege-

215 Art. 4 Nr. 14 DSGVO definiert „biometrische Daten" als „mit speziellen technischen Verfahren gewonnene personenbezogene Daten zu den physischen, physiologischen oder verhaltenstypischen Merkmalen einer natürlichen Person, die die eindeutige Identifizierung dieser natürlichen Person ermöglichen oder bestätigen, wie Gesichtsbilder oder daktyloskopische Daten"; näher mit konkreten Beispielen z.B. *Klabunde*, in: Ehmann/Selmayr, DSGVO, Art. 4 Rn. 60.

216 Zur Definition des „Beschäftigten" und der Legaldefinition des § 26 Abs. 8 BDSG bereits oben unter D.I.

217 *Riesenhuber*, in: BeckOK Datenschutzrecht, § 26 BDSG Rn. 34.

benenfalls zu berücksichtigen sein. Art. 22 DSGVO ist ein weiteres, wie *Gola* sagen würde,[218] „bekräftigtes Verbot mit Erlaubnisvorbehalt", hier hinsichtlich „automatisierten Einzelfallentscheidungen".

Gemäß Art. 22 Abs. 1 DSGVO haben von Datenverarbeitungen betroffene Personen stets das „Recht, nicht einer ausschließlich auf einer automatisierten Verarbeitung – einschließlich Profiling – beruhenden Entscheidung unterworfen zu werden, die ihr gegenüber rechtliche Wirkung entfaltet oder sie in ähnlicher Weise erheblich beeinträchtigt". Das dabei als Unterfall miterwähnte „Profiling" definiert Art. 4 Nr. 4 DSGVO als „jede Art der automatisierten Verarbeitung personenbezogener Daten, die darin besteht, dass diese personenbezogenen Daten verwendet werden, um bestimmte persönliche Aspekte, die sich auf eine natürliche Person beziehen, zu bewerten, insbesondere um Aspekte bezüglich Arbeitsleistung, wirtschaftliche Lage, Gesundheit, persönliche Vorlieben, Interessen, Zuverlässigkeit, Verhalten, Aufenthaltsort oder Ortswechsel dieser natürlichen Person zu analysieren oder vorherzusagen". Solches Profiling wie auch alle anderen automatisierten Einzelfallentscheidungen erlaubt Art. 22 Abs. 2 DSGVO allerdings ausnahmsweise in enumerierten Fällen, namentlich u.a., so Abs. 2 lit. a, wenn sie „für den Abschluss oder die Erfüllung eines Vertrags zwischen der betroffenen Person und dem Verantwortlichen erforderlich" sind oder, so Abs. 2 lit. c, wenn sie „mit ausdrücklicher Einwilligung der betroffenen Person" erfolgen, was erneut bzw. auch insofern eine, wie *Riesenhuber* es wohl ausdrücken würde,[219] „qualifizierte Einwilligung" meint. In diesen Fällen hat der Verantwortliche, also in Beschäftigungsverhältnissen vor allem der Arbeitgeber,[220] ferner gemäß Art. 22 Abs. 3 DSGVO „angemessene Maßnahmen" zu treffen, um die Rechte und Freiheiten sowie die berechtigten Interessen der betroffenen Person zu wahren, so „mindestens" das Recht auf „Erwirkung des Eingreifens einer Person seitens des Verantwortlichen", das Recht auf „Darlegung des eigenen Standpunkts" und

218 Vgl. oben in und zu Fn. 214.
219 Vgl. oben in und zu Fn. 217.
220 Siehe oben unter D.I.

das Recht auf „Anfechtung der Entscheidung". Sofern automatisierte Einzelfallentscheidungen auf *besonderen* personenbezogenen Daten i.S.d. Art. 9 Abs. 1 DSGVO beruhen, sind sie schließlich nach Art. 22 Abs. 4 DSGVO ohnehin nur erlaubt, wenn eine bereits an sich qualifizierte Einwilligung i.S.d. Art. 9 Abs. 2 lit. a DSGVO vorliegt oder, was aber vorliegend freilich nicht relevant ist, wenn sie i.S.d. Art. 9 Abs. 2 lit. g DSGVO abwägungshalber aus Gründen eines erheblichen öffentlichen Interesses erforderlich sind.

Bei KI-Lügendetektortests im Rahmen eines Interviews bei Internal Investigations ist nun allerdings zu sehen, dass – nach der derzeit nur im Raum stehenden Modellierung – ein Mensch (der Ermittler, der Arbeitgeber etc.) letztlich die – von der KI freilich deutlich vorbereitete bzw. unterstützte – Entscheidung trifft, ob die Aussage eines Arbeitnehmers als wahr oder falsch zu erachten ist. Kurz ausgedrückt: Anders als z.B. bei automatisierten Bewerberauswahlverfahren ist nicht allein der Maschine nach Datenauswertung die Entscheidung überlassen und überantwortet. Automatisierte Einzelfallentscheidungen i.S.d. Art. 22 DSGVO setzen aber voraus, dass es um technische „Ausschließlichkeit" geht, also nach der abstrakten Programmierung des Systems in die Entscheidungsfindung im konkreten Einzelfall zu keinem Zeitpunkt, so auch nicht am Ende, ein Mensch involviert ist.[221] Folglich ist Art. 22 DSGVO bei den derzeitigen KI-Lügendetektortests schon nicht einschlägig, soweit es eben aktuell um (noch) keine „ausschließlich" auf einer automatisierten Verarbeitung beruhenden Entscheidungen geht. Gleichwohl ist – und daher hat Art. 22 DSGVO vorliegend Raum erhalten – durchaus technisch möglich und vermag entsprechend auch in die Praxis der Internal Investigation Eingang zu finden, dass die KI die Letztentscheidung bei Interviews selbst trifft. Im Begriff „Lügendetektor 2.0" ist dies jedenfalls bereits deutlich angelegt.[222] Sodann handelte es sich i.S.d. Art. 22 Abs. 1 DSGVO um „automatisierte Einzelfallentscheidungen", teils auch „Profiling"

221 Allgem. Ansicht; siehe nur *Hladjk*, in: Ehmann/Selmayr, DSGVO, Art. 22 Rn. 6.
222 Vgl. v.a. die Ausführungen zur Versionierung oben unter C.I.

unter den Bewertungsaspekten „Zuverlässigkeit“ und „Verhalten“,[223] und es sind freilich die oben ausgeführten Maßstäbe des Art. 22 Abs. 2 bis 4 DSGVO anzulegen und insbesondere die Erforderlichkeit einer auch insofern „qualifizierten Einwilligung“ (Art. 22 Abs. 2 lit. c, Abs. 4 DSGVO) sowie das Treffen „angemessener Maßnahmen“ i.S.d. Art. 22 Abs. 3 DSGVO zu berücksichtigen.

5. Sonstige Rechtmäßigkeitsvoraussetzungen, insb. § 26 Abs. 3 Satz 3, Abs. 5, Abs. 6 BDSG

Bereits oben unter D.I.1 ist erwähnt worden, dass gemäß § 26 Abs. 2 Satz 4 BDSG der Arbeitgeber den Arbeitnehmer bei der in Rede stehenden Einwilligung in einen KI-Lügendetektortest insbesondere über den Zweck der Datenverarbeitung ausdrücklich aufzuklären hat. Ferner gebietet § 26 Abs. 3 Satz 3 BDSG speziell für die Verarbeitung besonderer personenbezogener Daten, dass – und wiederum greift diese Vorgabe nach dem bereits oben unter D.I.4 Gesagten, d.h. insbesondere schon infolge der Verarbeitung biometrischer Daten, auch für KI-Lügendetektortests – nebst der qualifizierten Einwilligung (Abs. 3 Satz 2) der § 22 Abs. 2 BDSG entsprechend gilt, also besondere Schutzpflichten einzuhalten sind. Zu diesen „angemessenen und spezifischen Maßnahmen zur Wahrung der Interessen der betroffenen Person“ gehören „unter Berücksichtigung des Stands der Technik, der Implementierungskosten und der Art, des Umfangs, der Umstände und der Zwecke der Verarbeitung sowie der unterschiedlichen Eintrittswahrscheinlichkeit und Schwere der mit der Verarbeitung verbundenen Risiken

---

223 Nicht einschlägig verbleibt bei KI-Lügendetektionssystemen, wie sie Gegenstand der vorliegenden Schrift sind, jedenfalls das Verbot des Scorings des § 31 BDSG bzw. die dortigen strengen Zulässigkeitsvoraussetzungen, zumal es beim „Scroring“ per definitionem nur um die „Verwendung eines Wahrscheinlichkeitswerts über ein bestimmtes *zukünftiges* Verhalten einer natürlichen Person zum Zweck der Entscheidung über die Begründung, Durchführung oder Beendigung eines Vertragsverhältnisses mit dieser Person (Scoring)“ geht (Hervorheb. *CT*); zum Scoring unter dem nicht repressiven, sondern präventiven Gesichtspunkt von sog. Predictive Policing *Rudkowski*, NZA 2019, 72 (75).

für die Rechte und Freiheiten natürlicher Personen" u.a. technische und organisatorische Maßnahmen wie „Maßnahmen, die gewährleisten, dass nachträglich überprüft und festgestellt werden kann, ob und von wem personenbezogene Daten eingegeben, verändert oder entfernt worden sind", die „Sensibilisierung der an Verarbeitungsvorgängen Beteiligten", die „Benennung einer oder eines Datenschutzbeauftragten", die „Beschränkung des Zugangs zu den personenbezogenen Daten innerhalb der verantwortlichen Stelle und von Auftragsverarbeitern", ferner die „Pseudonymisierung" und „Verschlüsselung" der personenbezogenen Daten, die „Sicherstellung der Fähigkeit, Vertraulichkeit, Integrität, Verfügbarkeit und Belastbarkeit der Systeme und Dienste [...], einschließlich der Fähigkeit, die Verfügbarkeit und den Zugang bei einem physischen oder technischen Zwischenfall rasch wiederherzustellen", und schließlich „zur Gewährleistung der Sicherheit der Verarbeitung die Einrichtung eines Verfahrens zur regelmäßigen Überprüfung, Bewertung und Evaluierung der Wirksamkeit der technischen und organisatorischen Maßnahmen" oder „spezifische Verfahrensregelungen, die im Fall einer Übermittlung oder Verarbeitung für andere Zwecke die Einhaltung der Vorgaben [des BDSG und der DSGVO] sicherstellen".

§ 26 Abs. 5 BDSG weist des Weiteren – und dies gilt freilich ebenfalls für KI-Lügendetektortests – deklaratorisch darauf hin, dass der Verantwortliche, also letztlich der Arbeitgeber,[224] „geeignete Maßnahmen ergreifen [muss], um sicherzustellen, dass insbesondere die in Artikel 5 [DSGVO] dargelegten Grundsätze für die Verarbeitung personenbezogener Daten eingehalten werden", namentlich also die Pflicht zur „Rechtmäßigkeit", zur Datenverarbeitung nach „Treu und Glauben" und zur „Transparenz" der Datenverarbeitung (Abs. 1 lit. a), die Pflicht zur „Zweckbindung" (Abs. 1 lit. b), zur „Datenminimierung" (Abs. 1 lit. c), zur „Richtigkeit" (Abs. 1 lit. d), zur „Speicherbegrenzung" (Abs. 1 lit. e), zur „Integrität und Vertraulichkeit" (Abs. 1 lit. f) und schließlich die insofern umfassende „Rechenschaftspflicht" (Abs. 2).

224 Siehe oben unter D.I.

Zuletzt sei erwähnt, dass § 26 Abs. 6 BDSG in Erinnerung ruft, dass etwaige „Beteiligungsrechte der Interessenvertretungen der Beschäftigten“ selbstverständlich „unberührt“ bleiben. Die Vorschrift hat darüber hinaus nicht auch einen anordnenden Charakter; sie enthält also keinen datenschutzrechtlichen Erlaubnistatbestand und erweitert oder beschränkt kollektive Beteiligungsrechte der Beschäftigten in einem Betrieb nicht.[225] Zu sehen ist allerdings, dass sich die Überwachungspflicht des § 80 Abs. 1 Nr. 1 BetrVG (§ 68 Ab. 1 Nr. 2 BPersVG) auch auf die Vorschriften des Beschäftigtendatenschutzes bezieht.[226] Ferner treffen Arbeitgeber und Betriebsrat als Betriebspartner nach § 75 Abs. 1 BetrVG (entsprechend § 27 Abs. 1 SprAuG und § 67 BPersVG) eine Überwachungspflicht im Hinblick auf „Recht und Billigkeit“ und nach § 75 Abs. 2 BetrVG (§ 27 Abs. 2 SprAuG) eine Pflicht zum Schutz und zur Förderung der „freien Entfaltung der Persönlichkeit der im Betrieb beschäftigten Arbeitnehmer“. Die Überwachungs- wie auch die Schutz- und Förderungspflicht haben „gerade für den Datenschutz besondere Bedeutung“ (*Riesenhuber*[227]). Darüber hinaus ist § 26 Abs. 6 BDSG insbesondere als Erinnerung an die Beteiligungsrechte des Betriebsrats nach § 87 Abs. 1 Nr. 6 BetrVG und des Personalrats nach § 75 Abs. 3 Nr. 17 BPersVG zu verstehen, also, soweit eine andere gesetzliche oder tarifliche Regelung nicht besteht, das Beteiligungsrecht „bei der Einführung und Anwendung von technischen Einrichtungen, die dazu bestimmt sind, das Verhalten oder die Leistung der Arbeitnehmer zu überwachen“. Zu solchen technischen Einrichtungen gehören z.B. Videoüberwachungsanlagen.[228] Jedenfalls bei einem weiten Begriffsverständnis des technischen „Überwachens“ von

---

225 BAG, NZA 2019, 1055 (1057); dass., NZA 2019, 1218 (1221); *Riesenhuber*, in: BeckOK Datenschutzrecht, § 26 BDSG Rn. 201.

226 BAG, NZA 2021, 959 (962); *Flink*, Beschäftigtendatenschutz als Aufgabe des Betriebsrats, 110 f.; *Riesenhuber*, in: BeckOK Datenschutzrecht, § 26 BDSG Rn. 201.

227 *Riesenhuber*, in: BeckOK Datenschutzrecht, § 26 BDSG Rn. 201.

228 Weitere Beispiele bei *Gola*, in: ders./Heckmann, BDSG, § 26 Rn. 180; *Riesenhuber*, in: BeckOK Datenschutzrecht, § 26 BDSG Rn. 201; siehe ferner z.B. auch die praxisnahe Übersicht bei *Dahl/Brink*, NZA 2018, 1231 ff.; speziell zu Beteiligungspflichten des Betriebsrats bei sog. *Predictive Policing* näher *Rudkowski*, NZA 2019, 72 (77).

Arbeitnehmerverhalten bzw. -leistung, das aus teleologischen Gründen angezeigt ist,[229] dürften auch die Einführung und Anwendung von KI-Lügendetektortests, wie sie Gegenstand der vorliegenden Schrift sind, die genannten Beteiligungsrechte von Interessenvertretungen der Beschäftigten auslösen.

II. Verwendung/Verwertung des Ergebnisses der KI-Wahrheitsdetektion

Fortwährend auf Basis des eingangs unter D. geschilderten Fallbeispiels seien im Weiteren nun die von den Mitarbeitern für den KI-Lügendetektortest gestellten Bedingungen bzw. die geforderten Folgen hinsichtlich ihrer rechtlichen Tragfähigkeit näher betrachtet. Zur Erinnerung: Für den Fall, dass die KI die Aussage des Mitarbeiters als wahr bestätigt (*positives Testergebnis*), geht es um die Bedingung, dass keine einzige weitere Ermittlung gegen den jeweiligen Mitarbeiter durchgeführt wird und er insoweit als vom Verdacht völlig befreit gilt. Für den Fall, dass die KI die Wahrheit der Aussage des Mitarbeiters nicht bestätigt (*negatives Testergebnis*), geht es darum, dass der jeweilige Mitarbeiter so gestellt ist, als wenn er den Test nie angetreten hätte. Hinsichtlich dieser beiden Varianten steht mithin die einfache und zugleich komplexe Frage im Raum, ob und wie sich ein Arbeitgeber auf die Bedingungen einlassen darf.

1. Variante: *Positives* Testergebnis (Aussagewahrheit durch die KI bestätigt)

a. „Amnestieerklärung"?

In der ersten Variante eines *positiven* Testergebnisses scheint die Erklärung des Arbeitgebers auf den ersten Blick das zu sein, was sich

229 Vgl. m.w.N. nur *Gola*, in: ders./Heckmann, BDSG, § 26 Rn. 180; ferner z.B. *Dahl/Brink*, NZA 2018, 1231 (1232); speziell auch *Rudkowski*, NZA 2019, 72 (77).

in der allgemeinen Praxis von Internal Investigations als „Amnestieerklärung" begrifflich verfestigt hat.[230] Bei näherem, zweitem Blick geht es hier aber um etwas ganz anderes. So passt selbst schon der Begriff „Amnestie" nicht, der vom altgriechischen Wort ἀμνηστία (amnēstía) stammt und auf Deutsch übersetzt „Vergessen" im Sinne von „Vergeben" eines erlittenen Unrechts, im weitesten Sinne also die Begnadigung von Delinquenten meint.[231] Doch geht es hier nicht um Straffreistellungen von Mitarbeitern, sondern gerade darum, dass der betreffliche Mitarbeiter nichts Unrechtes getan hat, dies beteuert und – durch das KI-Lügendetektorergebnis wahrscheinlich erwiesenermaßen – wahre Angaben macht. Es versteht sich in diesen Fällen von selbst, dass er als von jedem Verdacht befreit zu gelten hat und ihm nicht erst eine „Strafe" oder sonstige Sanktionen gnädig erlassen werden müssten.

Zu bedenken ist es allerdings, dass zu 20 % die Möglichkeit im Raum steht, dass sich die *KI* hinsichtlich der Wahrheit der Aussage des Mitarbeiters geirrt hat, dass also der betreffliche Mitarbeiter trotz positiven Testergebnisses der Delinquent ist bzw. mit der Sache etwas Vorwerfbares zu tun hat. Zu 20 % ist also die arbeitgeberseitige Verdachtsfreistellung des Mitarbeiters doch eine, wenngleich auch nur *potenzielle* „Begnadigung" und im Sinne der Internal-Investigations-Praxis eine potenzielle „Amnestieerklärung". Es kommt hinzu, dass auch diese potenzielle „Amnestieerklärung" wie typisch bei Internal Investigations nur eine *begrenzte* „Amnestie" zum Inhalt haben kann, soweit eben ein Arbeitgeber insbesondere keinen umfassenden Schutz vor staatlichen Strafverfolgungsmaßnahmen gewähren kann. Wenn also seitens des Arbeitgebers nebst dem Verzicht auf arbeitsrechtliche oder allgemein zivilrechtliche Ansprüche bzw. solche Rechte zugleich

230 Näher und ausführl. z.B. schon *Breßler et al.*, NZG 2009, 721 ff.

231 *Kluge/Seebold*, Etymologisches Wörterbuch der deutschen Sprache, S. 39, Stichwort „Amnestie". – Nach Maßgabe des deutschen Staatsrechts unterscheidet sich allerdings eine „Amnestie" von einer „Begnadigung", denn „begnadigt" werden einzelne Täter – siehe das Begnadigungsrecht des Bundespräsidenten, Art. 60 Abs. 2 GG –, wohingegen eine Amnestie über den Einzelfall hinausgeht und daher auch durch ein förmliches „Straffreiheitsgesetz" erfolgen muss.

erklärt wird, auf die strafrechtliche Verfolgung eines Mitarbeiters zu verzichten, kann dies lediglich meinen, dass sich der Arbeitgeber verpflichtet, keine Strafanzeige oder keinen Strafantrag[232] zu stellen. Darüber hinaus, d.h., wenn nicht nur ein sog. absolutes Antragsdelikt im Raum steht, können staatsanwaltschaftliche Ermittlungen von Amts wegen[233] selbstverständlich privatrechtlich nicht verhindert werden.[234] Dies sollte in einer Verdachtsfreistellungserklärung des Arbeitgebers für die Variante eines positiven KI-Testergebnisses sicherheitshalber deutlich zum Ausdruck gebracht werden, zumal Arbeitnehmer typischerweise juristische Laien sind und die Praxis der „Amnestieerklärungen" gezeigt hat, dass allzu oft der Eindruck aufkommt, es sei eine gänzliche Verschonung vor Strafverfolgung zu bekommen.[235]

b. Gesetzesgemäße Investigationspflichterfüllung?

Ein weiterer Aspekt ist prinzipieller, übergreifender Natur und sei hier daher abstrakt und so zugleich als letzter Punkt ausgeführt: Es zu berücksichtigen, dass freilich der KI-Einsatz bei Interviews in Internal Investigations ein Novum ist und schon daher mit Skepsis betrachtet werden wird, auch wenn dies trotz der vergleichsweise herausragend guten KI-Validitätsquoten beim Erkennen von Wahrheit und Lüge (siehe oben unter C.III) auf weitgehender technischer Unwissenheit und durchaus vorurteilsbehafteter Pauschalität beruht. Jene Neuheit und Skepsis gegenüber KI-Lügendetektionssystemen, sei sie berechtigt oder nicht, muss jeden Arbeitgeber (noch) dazu veranlassen, sich Gewahr zu sein, beim Beschreiten des neuen Weges und wie typisch bei jedem Fortschrittsdenken gewisse Konfliktlagen auszuhalten und Rechtfertigungsstreitigkeiten auszutragen. Denn Internal

232 § 158 StPO.

233 Vgl. insbesondere §§ 152 Abs. 2, 160 StPO, ferner auch § 376 StPO (offiziale Strafverfolgung bei Privatklagedelikten) und z.B. auch § 205, § 303c StGB (offiziale Strafverfolgung bei relativen Antragsdelikten).

234 Zu *tatsächlichen* und dabei zumeist rechtswidrigen Umgehungs-, gar Verhinderungsmaßnahmen von strafrechtlichen Ermittlungen siehe z.B. *Momsen*, ZIS 2011, 508 (515).

235 *Knauer/Buhlmann*, AnwBl 2010, 387 (393); *Momsen*, ZIS 2011, 508 (515).

Investigations werden bekanntlich nicht nur im Lichte eines internen und externen Krisen- und Reputationsmanagement als ein „Selbstreinigungsgebot" erkannt,[236] sondern auch als aus unterschiedlichen Gesetzesnormen entspringende indirekte Pflichten in Form haftungsrechtlicher Obliegenheiten zwecks Selbstentlastung, gar direkte Pflichten von Unternehmens- und Betriebsinhabern, dem Verdacht von Straftaten, Ordnungswidrigkeiten oder sonstigen Unregelmäßigkeiten unternehmensintern nachzugehen.[237] Insoweit schwingt sich freilich auf, den neuen Weg des Einsatzes eines KI-Lügendetektortests als tatsächlich adäquate und (folglich) rechtlich konzeptualisierbare sowie zureichende Maßnahme im Einzelnen zu positionieren. Insbesondere die obigen Ausführungen zur Validität der „Lügendetektion 2.0" unter C.III können Arbeitgebern dabei durchaus dienlich sein und es sei angeregt, sie in Ausarbeitungen speziell zu §§ 30, 130 OWiG[238] und darüber hinaus in spezifisch gesellschaftsrechtlichem, steuerrechtlichem pp. Normkontext zu verwerten, d.h. unter dem Gesichtspunkt der Facetten (repressiver) Compliance jeweils bereichsspezifisch und norm-, genauer noch: merkmalsspezifisch einzubeziehen. Die Einzel-

236 Zum Begriff des „Selbstreinigungsgebots" statt vieler z.B. *Jedynak*, Interne Erhebungen in Wirtschaftsstrafsachen mit Auslandsbezug, S. 80; *Knauer*, ZWH 2012, 41 (46); *Momsen*, ZIS 2011, 508 (511).

237 Nicht selten wird die Verpflichtung zu Internal Investigations schlicht und pauschal aus §§ 30, 130 OWiG gefolgert, jedoch ist die „dogmatische Herleitung komplexer", so zu Recht *Knauer*, ZWH 2012, 41 (44); zu kurz greifend daher z.B. noch statt vieler *Momsen*, ZIS 2011, 508 (511). Es ist schon zu sehen, dass besagte §§ 30, 130 OWiG als Reflex der Sanktionsvermeidung primär nur erfordern, unternehmensinterne Aufsichtssysteme dergestalt einzurichten, dass *künftige* Rechtsverstöße verhindert werden, und dass den Normen allein unter dem Gesichtspunkt, zwecks Prävention ebenfalls Repression zu betreiben, zu entnehmen ist, auch *vergangene* Rechtsverstöße aufzuklären; vgl. statt vieler jüngst z.B. wieder *Hille*, Die Kooperation von Unternehmen mit deutschen Strafverfolgungsbehörden, S. 40f. mit div. weiteren Nachw.; aus der kaum mehr überblickbaren Lit. zur dogmatischen Herleitung von Pflichten zu Internal Investigations aktuell monografisch und freilich m.w.N. nebst *Hille*, a.a.O., S. 38ff., z.B. *Hettche*, Unternehmensinterne Untersuchungen aus arbeitsrechtlicher Perspektive, S. 30ff.; *Küster*, Der rechtliche Rahmen für unternehmensinterne Ermittlungen, S. 12ff.

238 Dazu, dass diese Normen ohnehin hinsichtlich der Konkretisierung der Aufsichtspflichten „ausgesprochen problematisch" sind, z.B. *Beck*, in: BeckOK OWiG, § 130 Rn. 39.

heiten müssen an dieser Stelle allerdings gesonderten Untersuchungen überlassen bleiben, zumal der Facettenreichtum die Grenzen der vorliegenden Schrift sprengen würde.

2. Variante: *Negatives* Testergebnis (Aussagewahrheit durch die KI nicht bestätigt)

a. „Closed-Eyes Agreement"

In der zweiten Variante eines *negativen* Testergebnisses geht es im Prinzip wiederum – vgl. oben unter D.II.1.a – um „Vergessen", aber erneut nicht etwa um „Vergeben" oder eine „Amnestieerklärung" bzw. eine „Begnadigung", sondern nur das singuläre „Augen zu" bezüglich eines Investigationsergebnisses. Man könnte es mithin als eine „Augen-zu-Erklärung" des Arbeitgebers bezeichnen und international formuliert an den bekannten Begriff *Non-Disclosure Agreement (NDA)* angelehnt ein *Closed-Eyes Agreement* nennen, kurz *CEA*. Dieses *CEA* einzufordern und zu gewähren, entspricht zu einem Teil noch der – bei praxisnaher Betrachtung freilich zu berücksichtigenden – allgemeinen Skepsis am KI-Lügendetektionsansatz an sich, darüber hinaus aber dem Bewusstsein, dass „nur" 80 % der Testergebnisse richtig sind, vice versa also 20 % nicht (siehe oben unter C.III). Ferner kommen zwei besonders hervorzuhebende weitere Aspekte hinzu.

aa. Ausfluss der Selbstbelastungsfreiheit

Ein *CEA*, genauer: das darin liegende Entsprechen der vom Arbeitnehmer im Kontext einer Interviewaussage gesetzten Bedingung, sucht den *nemo-tenetur-Grundsatz* zu wahren. Allerdings – wie bereits oben unter B.II angesprochen – gilt diese Selbstbelastungsfreiheit angesichts der sie überlagernden arbeitsrechtlichen Wahrheitspflicht bei Interviews in Internal Investigations nicht direkt,[239] denn anders als bei staatlichen Vernehmungen, für die sich bekanntlich vor allem in den

239 Zu dieser h.M. wie auch zu a.A. siehe die Nachw. oben in Fn. 23.

§§ 48 ff., 133 ff. StPO deutliche Regeln finden, existiert für Interviews bislang kein spezifischer, die interviewten Arbeitnehmer schützender Rechtsrahmen. Es sind grundsätzlich „nur" die allgemeinen Gesetze und die allgemeinen rechtsstaatlichen Standards einzuhalten.[240] Dies ist in der Bundesrepublik Deutschland selbstverständlich kein schlechtes Fundament, die Diskussion um weitere, genauer: höhere Standards ist jedoch bekannt. So äußerte sich bereits im November 2010 auch die *BRAK* zu Internal Investigations und speziell zu privatinvestigativen Interviews in Form der Stellungnahme Nr. 35/2010 (*Thesen zum Unternehmensanwalt im Strafrecht*). Zur Durchführung von Interviews heißt es dabei in These 3 nebst Abs. 2, der erneut die Wahrung der „allgemeinen Gesetze und [der] sich aus den rechtsstaatlichen Grundsätzen ergebenden Standards" betont, in Abs. 3: „Der Unternehmensanwalt führt seine Erhebungen in einer Weise durch, dass Beweismittel in ihrer Qualität und Verwertbarkeit nicht beeinträchtigt werden."[241] Einer der gewichtigsten Gedanken der *BRAK*, der hinter diesen Thesen steht und sich in der Thesenbegründung findet, ist: Je mehr interne Erhebungen speziell an den „Standards eines staatlichen, justizförmigen Verfahrens" ausgerichtet seien, umso „tragfähiger und belastbarer" seien die Ergebnisse.[242] So vertrat die *BRAK* des Weiteren und „unbeschadet arbeitsrechtlicher Auskunftspflichten" bei Interviews, dass zu den „Standards" – nebst Dokumentationspflichten und der Belehrung, dass Aufzeichnungen der Aussagen gegebenenfalls an Behörden weitergegeben und dort zum Nachteil des Interviewten verwertet werden könnten,[243] sowie bei Anhörungen im Rahmen von „Amnestieprogrammen" der Belehrung, dass das Unternehmen selbst eine strafrechtliche Amnestie nicht gewähren könne (dazu schon oben unter D.II.1.a), ferner dem Recht auf einen Rechtsanwalt samt einer entsprechenden Belehrung – schließlich, aber nicht zuletzt die Unterlassung „unlautererer Befragungsmethoden, insbesondere der nach § 136a StPO unzulässigen Methoden" und entsprechend auch

240 Allgem. Ansicht; statt aller *Krug/Skoupil*, NJW 2017, 2374 (2375).
241 *BRAK-Strafrechtsausschuss*, Thesen zum Unternehmensanwalt im Strafrecht, S. 4.
242 *BRAK-Strafrechtsausschuss*, Thesen zum Unternehmensanwalt im Strafrecht, S. 10.
243 Vgl. dazu schon oben unter D.II.1.a sowie sogleich unten unter D.II.2.a.bb.

die Verhinderung von Antwortzwängen gehören. Ausdrücklich heißt es seitens der *BRAK*, die Auskunftsperson dürfe „nicht bedräng[t werden], sich selbst zu belasten oder auf Rechte zu verzichten, die sie als Zeuge oder Beschuldigter im Strafverfahren ohne Weiteres hätte".[244] Diese Anmahnung zur Wahrung einer Selbstbelastungsfreiheit des Interviewten ist angesichts der arbeitsrechtlichen Auskunfts- und Wahrheitspflicht allerdings nur eine solche zu überobligatorischer Selbstverpflichtung und auch die übrigen Thesen der *BRAK* in ihrer Stellungnahme Nr. 35/2010 sind freilich ohne verbindlichen Charakter, aber: Die BRAK-Thesen haben bis heute begrüßendes Gehör und Anerkennung zwecks einheitlicher *best practice* bei Internal Investigations und gegebenenfalls notwendigem Standing vor Gericht gefunden.[245] Daher vermag es kaum zu erstaunen, dass auch der aktuelle Regierungsentwurf eines *Verbandssanktionengesetzes* (*VerSanG*) aus dem Jahr 2020 den Grundsatz der Selbstbelastungsfreiheit statuiert.[246] Für KI-Lügendetektortests verbleibt es so schlicht und pointiert zu konstatieren, dass ein *CEA*, wenngleich es auch außerhalb des datenschutzrechtlichen Einwilligungskontextes (vgl. oben unter D.I) noch überobligatorisch ist, den überkommenen und aktuellen Entwicklungstendenzen entspricht.

---

244 *BRAK-Strafrechtsausschuss*, Thesen zum Unternehmensanwalt im Strafrecht, S. 11, wo es im Ganzen heißt: „Die Auskunftsperson darf nicht eingeschüchtert, nicht getäuscht, nicht bedroht und erst recht keinem unzulässigen Zwang ausgesetzt werden. Der Unternehmensanwalt darf die Auskunftsperson nicht bedrängen, sich selbst zu belasten oder auf Rechte zu verzichten, die sie als Zeuge oder Beschuldigter im Strafverfahren ohne Weiteres hätte. Der Unternehmensanwalt darf dem Mitarbeiter zu keinem Zeitpunkt vor, während oder nach einer Befragung mit arbeitsrechtlichen Konsequenzen drohen, um eine Aussage zu erzwingen. Die Freiheit der Willensentschließung darf in keinem Fall beeinträchtigt werden."

245 Vgl. statt vieler z.B. *Krug/Skoupil*, NJW 2017, 2374 (2375): „wertvolle Leitlinien".

246 § 17 Abs. 1 Nr. 5 des RegE des *VerSanG* im Rahmen des RegE eines *Gesetzes zur Stärkung der Integrität in der Wirtschaft*, abrufbar unter https://www.bmj.de/SharedDocs/Gesetzgebungsverfahren/DE/Staerkung_Integritaet_Wirtschaft.html (letzter Abruf: 12.5.2022), S. 14.

bb. Verwertung durch staatliche Ermittlungsbehörden?

Ein weiterer, zweiter Punkt, der hier nicht ausgespart bleiben darf, ist bereits an unterschiedlichen Stellen oben angeklungen:[247] Ergebnisse von Internal Investigations können durchaus durch staatliche Ermittlungsbehörden verwertet werden und entsprechend stellt sich die Frage, ob auch ein negatives KI-Lügendetektortestergebnis – trotz des *CEA* des Arbeitgebers – in einem offizialen Verfahren als belastendes Indiz, gar Beweis einbezogen werden könnte, also dies seitens des Arbeitnehmers zu befürchten ist und seitens des Arbeitgebers mithin Hinweispflichten bei Abgabe eines *CEA* bestehen. Aktuell ist dies allerdings klar zu verneinen, schon weil die höchstgerichtliche Rechtsprechung einfachen Lügendetektortests per se zweifelnd gegenübersteht und Teile der untergerichtlichen Rechtsprechung sie allenfalls nur, genauer: wenn, dann ausschließlich als Entlastungsmaterial einbeziehen.[248] Speziell hinsichtlich KI-Lügendetektortests, also der „Lügendetektion 2.0", kommt hinzu, dass gerade in offizialen Verfahren das bereits oben unter C.III.2 angesprochene „Dilemma", dass die Stärke einer *KI* zugleich ihre Schwäche ist, genauer gesagt: dass je komplexer die trainierten, selbstlernenden Algorithmen werden, desto weniger deren Entscheidung menschlich nachvollziehbar ist, fundamental zum Tragen kommt. Denn obgleich auch im privatrechtlichen, erst recht im arbeitsrechtlichen Bereich rechtsstaatliche Grundsätze freilich nicht ausgeklammert sind, haben weitaus mehr als private staatliche Entscheidungsträger, d.h. nicht nur Richter, sondern auch Staatsanwälte und selbst „einfache" Ordnungsbeamte, ihre Entscheidungen im Rechtsstaat für jedermann transparent und nachvollziehbar zu begründen und dürfen sich daher nicht schlicht auf ein – schon allgemein menschlich nicht nachvollziehbares – KI-Ergebnis berufen, erst recht nicht zu *Be*lastungszwecken.

247 Vgl. insb. oben unter D.II.1.a und D.II.2.a.aa.
248 Vgl. dazu ausführl. oben unter C.II.2.

b. Zulässigkeit nachfolgender Maßnahmen des Arbeitgebers?

Es liegt auf der Hand, dass trotz *CEA* nach einem negativen KI-Lügendetektor-Testergebnis *faktisch* das „Geschmäckle" bei (freilich nicht nur schwäbischen) Arbeitgebern verbleibt, dass der betreffende Arbeitnehmer mit einer Wahrscheinlichkeit von 80 % nicht die Wahrheit gesagt hat. Dies darf das Verhältnis zum Arbeitnehmer nicht belasten, aber es ist gewissermaßen natürlich, dass ein Arbeitgeber über weitere Ermittlungen und technische Überwachungsmaßnahmen, vielleicht sogar eine Verdachtskündigung des Arbeitnehmers nachdenkt und das eine und/oder das andere veranlassen möchte.

aa. Weitere Ermittlungen und technische Überwachungsmaßnahmen?

Die Zulässigkeit weiterer Ermittlungen und technischer Überwachungsmaßnahmen folgt nach einem negativen Testergebnis und einem *CEA* keinen anderen Grundsätzen als sonst. Steht also weiterhin, d.h. losgelöst vom KI-Testergebnis, der Verdacht der Straftatbegehung durch den Mitarbeiter im Raum, so sind weitere Ermittlungen erlaubt, soweit es die allgemeinen Regelungen zulassen. Für technische Überwachungsmaßnahmen sind dabei wiederum (vgl. schon oben unter D.I) insbesondere die Möglichkeiten und Grenzen des § 26 BDSG zur Datenverarbeitung im Arbeitsverhältnis maßgeblich.

bb. Verdachtskündigung des Arbeitnehmers?

Prinzipiell nicht anders verhält es sich mit der Möglichkeit einer Verdachtskündigung des betroffenen Arbeitnehmers. Infolge des *CEA* darf der Arbeitgeber den Kündigungsgrund – dass der Verdacht das zur Fortsetzung des Arbeitsverhältnisses notwendige Vertrauen in die Redlichkeit des Arbeitnehmers zerstört oder zu einer unerträglichen Belastung des Arbeitsverhältnisses geführt hat[249] – freilich nicht auf das negative KI-Testergebnis stützen, aber davon abgesehen ist eine

249 Dazu und zu Verdachtskündigungen m.w.N. insb. auch zur Rspr. des BAG *Niemann*, in: ErfK, § 626 BGB Rn. 173 ff.

Verdachtskündigung möglich, soweit der Arbeitgeber deren strenge Voraussetzungen im Ganzen einhält, d.h. insbesondere einen nicht nur einfachen, sondern dringenden Verdacht belegt, also eine – losgelöst vom negativen KI-Lügendetektionsergebnis bzw. selbst ohne dieses – große Wahrscheinlichkeit dafür, dass der betroffene Arbeitnehmer die Straftat, Ordnungswidrigkeit oder gravierende Arbeitsvertragspflichtverletzung begangen hat.[250]

250 *Niemann*, in: ErfK, § 626 BGB Rn. 177a.

E. Zusammenfassung

Die vorliegende Schrift betrat Neuland. Ihr Ziel war es, die „Lügendetektion 2.0" für Interviews in Internal Investigations fruchtbar zu machen. Nach dem einleitenden *Teil A* wurden in *Teil B* zunächst die Grundlagen von Internal Investigations und Interviews sowie insbesondere das im Kontext der arbeitsrechtlichen Auskunfts- und Wahrheitspflicht von Arbeitnehmern faktisch problematische Erkennen von Wahrheit und Lüge umrissen. Es wurde herausgestellt, dass gemäß empirischen Studien der Mensch durchschnittlich nur zu etwas mehr als 50 % Wahrheit von Lüge unterscheiden kann, was kaum mehr als dem Wurf einer Münze entspricht, und dass selbst professionelle Aussagebeurteiler wie Richter, Staatsanwälte und Polizeibeamte lediglich eine durchschnittliche Trefferquote von rund 56 % erreichen, also kaum besser als Laien sind. Auch besonders geschulte Aussagepsychologen bzw. aussagepsychologische Gutachten erreichen nur eine Trefferquote von rund 70 %.

In *Teil C*, dem ersten der zwei Hauptteile der vorliegenden Schrift, wurde sich auf der zuvor eruierten Basis, also zum einen der arbeitsrechtlichen Auskunfts- und Wahrheitspflicht bei Interviews in Internal Investigations, zum anderen der Problematik um treffsicheres Erkennen von wahren und unwahren Aussagen, dem Gedanken zugewandt, das menschliche Vermögen unterstützende und über dieses hinausgehende Technik, also *Legal Tech zum Erkennen von Wahrheit und Lüge bei Interviews*, einzusetzen. Unterschieden wurde dabei zwischen „Lügendetektoren 1.0", d.h. den schon seit Jahrzehnten bekannten Systemen mit analoger Polygraphie, und „Lügendetektoren 2.0", d.h. neuen, digitalen Systemen, in denen eine *KI* zum Einsatz kommt und die auch darüber hinaus weitgehend anders als die analoge Polygraphie funktionieren. Nach kurzer Befassung mit der „Lügendetektion 1.0", der nicht anders als Aussagepsychologen eine Validitätsquote von rund 70 % belastbar zuzumessen ist, wurde sich sodann mit der „Lügendetektion 2.0" näher befasst und hierzu notwendigerweise zunächst ein Überblick zum Begriff *KI* gegeben. Es wurden Studien und Projekte der KI-basierten Lügendetektion samt Validitätsquoten im Einzelnen vorgestellt, wobei technisch zwischen Ansätzen zur Detektion und Auswertung von verbalen (*Precire, VeriPol, Online Polygraph*) und non-verbalen (*Silent Talker, Facesoft, iBorderCtrl, EyeDetect*) Signalen und Mustern sowie einem „kombinierten Ansatz" (*Real-life-Trial-Data-Analysis, DARE, AVATAR*) zu differenzieren war. Die letztliche und zugleich beeindruckende Erkenntnis war, dass moderne, KI-basierte „Lügendetektionssysteme 2.0" mit im Durchschnitt jedenfalls wohl zu konstatierenden 80 % treffsicherer als alle anderen Methoden der Lügendetektion und zudem längst nicht am Ende ihrer Entwicklung sind, wobei hier wie auch im Allgemeinen freilich eine 100-prozentige Trefferquote eutopisch ist und daher von einer *KI* – ebenso wie von allen anderen Methoden – nicht erwartet werden darf.

In *Teil D*, dem zweiten Hauptteil der vorliegenden Schrift, wurden sodann entlang einem zur Plastifizierung gebildeten (fiktiven, gleichwohl alltäglich möglichen) Fallbeispiel *Leitlinien des Einsatzes moderner Legal Tech zur Wahrheitserkennung bei Interviews in Internal Investigations* herausgearbeitet. Es war sich vor allem mit der Datenverarbeitung im Arbeitsverhältnis nach Maßgabe des § 26 BDSG zu befassen, d.h. mit den Erlaubnistatbeständen des Abs. 2 (Einwilligung), Abs. 1 Satz 2 (Straftataufdeckungsklausel) und Abs. 1 Satz 1 (Generalklausel). Hinzu kam der notwendige Blick auf die Erlaubnisqualifizierungen aus § 26 Abs. 3 BDSG für besondere persönliche Daten und aus Art. 22 Abs. 2 bis 4 DSGVO für automatisierte Entscheidungen, ferner auf sonstige zu beachtende Rechtmäßigkeitsvoraussetzungen für Datenverarbeitungen im Arbeitsverhältnis, insbesondere aus § 26 Abs. 3 Satz 3, Abs. 5 und Abs. 6 BDSG. Hernach wurde sich der Verwendung/Verwertung des Ergebnisses der KI-Wahrheitsdetektion zugewandt und zum einen die Variante eines *positiven* Testergebnisses (Aussagewahrheit durch die KI bestätigt), zum anderen die Variante eines *negativen* Testergebnisses (Aussagewahrheit durch die KI nicht bestätigt) näher betrachtet. Für die erste Variante lag entsprechend dem eingangs des

Teil D gebildeten Fallbeispiel zugrunde, dass keine einzige weitere Ermittlung gegen den jeweiligen Mitarbeiter durchgeführt werden und er insoweit als vom Verdacht völlig befreit gelten soll, und in der zweiten Variante ging es darum, dass der jeweilige Mitarbeiter so gestellt sein soll, als wenn er den KI-Lügendetektortest nie angetreten hätte. Die erste Variante galt es, unter den Gesichtspunkten einer „Amnestieerklärung“ und Pflicht des Arbeitgebers zur Vornahme von Internal Investigations zu besprechen, die zweite Variante unter dem Aspekt eines *CEA* („Closed-Eyes Agreement“) – so das in Anlehnung an den Begriff *NDA* neugebildete Wort – als Ausfluss des Grundsatzes der Selbstbelastungsfreiheit sowie der zu bejahenden Frage nach der Zulässigkeit von weiteren Ermittlungen, technischen Überwachungsmaßnahmen und gar einer Verdachtskündigung trotz *CEA*.

F. Schlusswort samt Anregungen

Die vorliegende Schrift hofft, auf einem so schwierigen Feld wie der Glaubhaftigkeitsanalyse und in einem bislang unmodellierten Bereich nicht nur ein Grundlagen-, sondern zugleich ein Initiativbeitrag zu sein. Für sich anschließende Beiträge bietet sich nebst kritischen Würdigungen und der Beobachtung des Technikfortschritts an, das Thema – *Wahrheitsdetektionssysteme mit Künstlicher Intelligenz für Internal Investigations* – auch bzw. verstärkt international zu beleuchten und hierzu z.B. Maßgaben des *KIG-Entwurfs* der *EU-Kommission*[251] oder auch den *US Employee Polygraph Protection Act (EPPA)* einzubeziehen. Den *Verf.* würde es jedenfalls erfreuen, wenn die Schrift ein beachtenswerter Beitrag dazu ist, dass die Nutzbarmachung von *KI* bei Interviews in Internal Investigations und dabei vielleicht sogar mit Rückkopplungen auf staatliche Verfahren wie auch auf den gesamten Rechtsbereich trotz konservativer Bedenken weitergeführt wird.

251 Dazu auch schon oben Fn. 111.

Literaturverzeichnis

A–C

Alder, Ken: The Lie Detectors – The History of an American Obsession, New York et al. (USA) 2007 (zitiert: Alder, The Lie Detectors)

Anders, Ralf P.: Internal Investigations – Arbeitsvertragliche Auskunftspflicht und der nemo-tenetur-Grundsatz, in: wistra, Jg. 2014, S. 329–334 (zitiert: Anders, wistra 2014, 329)

Beck'scher Online-Kommentar zum Datenschutzrecht, hrsg. v. Brink, Stefan / Wolff, Heinrich A., 38. Edition, Stand: 1.11.2021, München 2021 (zitiert: Bearbeiter, in: BeckOK Datenschutzrecht)

Beck'scher Online-Kommentar zum OWiG, hrsg. von Graf, Jürgen, 32. Edition, Stand: 1.10.2021, München 2021 (zitiert: Bearbeiter, in: BeckOK OWiG)

Beck'scher Online-Kommentar zur StPO mit RiStBV und MiStra, hrsg. von Graf, Jürgen, 41. Edition, Stand: 1.10.2021, München 2021 (zitiert: Bearbeiter, in: BeckOK StPO)

Berning, Birgit R.: Lügendetektion – Eine interdisziplinäre Beurteilung, in: MschrKrim, Jg. 1993, S. 242–255 (zitiert: Berning, MschrKrim 1993, 242)

Bond, Charles F. Jr. / DePaulo, Bella M.: Accuracy of Deception Judgments, in: PSPR, Bd. 10 (Jg. 2006), S. 214–234 (zitiert: Bond/DePaulo, PSPR 10 [2006], 214)

Bonpasse, Morrison: Polygraphs and 250 Wrongful Conviction Exonerations, in: Polygraph, Bd. 42 (Jg. 2013), S. 112–127 (zitiert: Bonpasse, Polygraph 42 [2013], 112)

ders.: 80 Proposals to STOP wrongful Convictions before the End of this Decade, Newcastle (USA) 2015 (zitiert: Bonpasse, 80 Proposals to STOP wrongful Convictions)

BRAK-Strafrechtsausschuss: Thesen der Bundesrechtsanwaltskammer zum Unternehmensanwalt im Strafrecht vom November 2010, BRAK-Stellungnahme-Nr. 35/2010, abrufbar unter https://www.brak.de/zur-rechtspolitik/stellungnahmen-pdf/stellungnahmen-deutschland/2010/november/stellungnahme-der-brak-2010-35.pdf, letzter Abruf: 12.5.2022 (zitiert: BRAK-Strafrechtsausschuss, Thesen zum Unternehmensanwalt im Strafrecht)

Breidenbach Stephan: Industrielle Rechtsdienstleistungen, in: NJW, Jg. 2017, Sonderheft Innovationen & Legal Tech, S. 28–30 (zitiert: Breidenbach, NJW-Sonderheft Innovationen & Legal Tech 2017, 28).

ders. / Glatz, Florian (Hrsg.): Rechtshandbuch Legal Tech, 2. Aufl., München/Wien 2021 (zitiert: Bearbeiter, in: Breidenbach/Glatz, Legal Tech)

Breßler, Steffen / Kuhnke, Michael / Schulz, Stephan / Stein, Roland: Inhalte und Grenzen von Amnestien bei Internal Investigations, in: NZG, Jg. 2009, S. 721–727 (zitiert: Breßler et al., NZG 2009, 721)

Bublitz, Jan C.: Entwicklung und Kritik der höchstrichterlichen Rechtsprechung zur Glaubhaftigkeitsanalyse – Epistemische Gerechtigkeit und Implikationen für Aussage-gegen-Aussage-Konstellationen, in: ZIS, Jg. 2021, S. 210–221 (zitiert: Bublitz, ZIS 2021, 210)

Bunn, Geoffrey C.: The Truth Machine – A social History of the Lie Detector, Baltimore (USA) 2012 (zitiert: Bunn, The Truth Machine)

Burgstaller, Peter / Hermann, Eckehard / Lampesberger, Harald: Künstliche Intelligenz – Rechtliches und technisches Grundwissen, Wien 2019 (zitiert: Burgstaller/Hermann/Lampesberger, Künstliche Intelligenz)

Busse, Detlef / Volbert, Renate: Glaubwürdigkeitsgutachten in Strafverfahren wegen sexuellen Mißbrauchs – Ergebnisse einer Gutachtenanalyse, in: Greuel, Luise / Fabian, Thomas / Stadler, Michael (Hrsg.), Psychologie der Zeugenaussage – Ergebnisse der rechtspsychologischen Forschung, Weinheim 1997, S. 131–142 (zitiert Busse/Volbert, in: Greuel/Fabian/Stadler, Psychologie der Zeugenaussage, S. 131)

D–F

Dahl, Holger / Brink, Stefan: Die Mitbestimmung des Betriebsrats bei der Einführung und Anwendung technischer Einrichtungen in der Praxis, in: NZA, Jg. 2018, S. 1231–1234 (zitiert: Dahl/Brink, NZA 2018, 1231)

Dahle, Klaus-Peter / Lehmann, Robert: Physiopsychologische Täterschaftsdiagnostik – Die Befragung des Tatverdächtigen mit dem Polygraphen, in: BAV (Hrsg.), Neue Vernehmungsmethoden – Hypnose, Hirnforschung, Polygraph, München 2012, S. 48–93 (zitiert: Dahle/Lehmann, in: BAV, Neue Vernehmungsmethoden, S. 48)

Dann, Matthias / Schmidt, Kerstin: Im Würgegriff der SEC? – Mitarbeiterbefragungen und die Selbstbelastungsfreiheit, in: NJW, Jg. 2009, S. 1851–1855 (zitiert: Dann/Schmidt, NJW 2009, 1851)

Dettenborn, Harry: Anmerkungen zum Polygrafie-Beschluss des BGH für das Zivilverfahren, in: FPR, Jg. 2003, S. 559–566 (zitiert: Dettenborn, FPR 2003, 559)

Diller, Martin: Der Arbeitnehmer als Informant, Handlanger und Zeuge im Prozess des Arbeitgebers gegen Dritte, in: DB, Jg. 2004, S. 313–319 (zitiert: Diller, DB 2004, 313)

Drews, Frauke: Die Königin unter den Beweismitteln? – Eine interdisziplinäre Untersuchung des (falschen) Geständnisses, Berlin 2013 (zitiert: Drews, Die Königin unter den Beweismitteln?)

Drohsel, Franziska: Der Lügendetektor vor Gericht – ein Problem in Sachsen, in: StV, Jg. 2018, S. 827–830 (zitiert: Drohsel, StV 2018, 827)

Ehmann, Eugen / Selmayr, Martin (Hrsg.): Datenschutz-Grundverordnung, 2. Aufl., München 2018 (zitiert: Bearbeiter, in: Ehmann/Selmayr, DSGVO)

Eisenberg, Ulrich: Beweisrecht der StPO – Spezialkommentar, 2. Aufl., München 1996 (zitiert: Eisenberg, Beweisrecht der StPO, 2. Aufl. [1996]), 6. Aufl., München 2008 (zitiert: Eisenberg, Beweisrecht der StPO, 6. Aufl. [2008]), 10. Aufl., München 2017 (zitiert: Eisenberg, Beweisrecht der StPO)

Ekman, Paul: Telling Lies – Clues to Deceit in the Marketplace, Politics, and Marriage, New York / London 2009, Erstveröffentlichung New York 1985 (zitiert: Ekman, Telling Lies)

ders. / Friesen, Wallace V. / Hager, Joseph C.: Facial Action Coding System – Investigator's Guide, Salt Lake City (USA), Erstveröffentlichung Palo Alto (USA) 1978 (zitiert: Ekman/Friesen/Hager, Facial action coding system)

ders. / Sorenson, E. Richard / Friesen, Wallace V.: Pan-cultural elements in facial displays of emotion, in: Science, Bd. 164 (Jg. 1969), S. 86–88 (zitiert: Ekman/Sorensen/Friesen, Science 164 [1969], 86)

Endres, Johann / Scholz, Berndt: Sexueller Kindesmißbrauch aus psychologischer Sicht – Formen, Vorkommen, Nachweis, in: NStZ, Jg. 1994, S. 466–473 (zitiert: Endres/Scholz, NStZ 1994, 466)

Erb, Volker: Grund und Grenzen der Unzulässigkeit einer regelmäßigen Einholung von Glaubwürdigkeitsgutachen im Strafverfahren, in: Jahn, Matthias / Kudlich, Hans / Streng, Franz (Hrsg.), Strafrechtspraxis und Reform – Festschrift für Heinz Stöckel zum 70. Geburtstag, Berlin 2010, S. 181–197 (zitiert: Erb, in: Festschrift für Stöckel, S. 181)

Erfurter Kommentar zum Arbeitsrecht, hrsg. von Müller-Glöge, Rudi / Preis, Ulrich / Schmidt, Ingrid, 22. Aufl., München 2022 (zitiert: Bearbeiter, in: ErfK)

Ertel, Wolfgang: Grundkurs Künstliche Intelligenz – Eine praxisorientierte Einführung, 4. Aufl., Wiesbaden 2016 (zitiert: Ertel, Künstliche Intelligenz)

Fateh-Moghadam, Bijan: Innovationsverantwortung im Strafrecht: Zwischen strict liability, Fahrlässigkeit und erlaubtem Risiko – Zugleich ein Beitrag zur Digitalisierung des Strafrechts, in: ZStW, Bd. 131 (Jg. 2019), S. 863–887 (zitiert: Fateh-Moghadam, ZStW 131 [2019], 863)

Fiedler, Herbert: Rechtsinformatik als Integrationsdisziplin, in: Schweighofer, Erich / Menzel, Thomas / Kreuzbauer, Günther / Liebwald, Doris (Hrsg.), Zwischen Rechtstheorie und e-Government – Aktuelle Fragen der Rechtsinformatik 2003 gewidmet Friedrich Lachmayer, Wien 2003, S. 33–41 (zitiert: Fiedler, in: Menzel et al., Zwischen Rechtstheorie und e-Government, S. 33)

Flink, Maike: Beschäftigtendatenschutz als Aufgabe des Betriebsrats – Kompetenzen und Verantwortung des Betriebsrats für den Datenschutz, Berlin 2021 (zitiert: Flink, Beschäftigtendatenschutz als Aufgabe des Betriebsrats)

Fritz, Hans-Joachim / Nolden, Dagmar: Unterrichtungspflichten und Einsichtsrechte des Arbeitnehmers im Rahmen von unternehmensinternen Untersuchungen, in: CCZ, Jg. 2010, S. 170–177 (zitiert: Fritz/Nolden, CCZ 2010, 170)

G–J

Gatter, Marcelle J.: Die Ausgestaltung von Mitarbeiterbefragungen bei unternehmensinternen Ermittlungen und die Selbstbelastungsfreiheit – Eine rechtstheoretische und rechtsdogmatische Untersuchung unter besonderer Berücksichtigung der Belehrungen, Frankfurt a.M. 2016 (zitiert: Gatter, Die Ausgestaltung von Mitarbeiterbefragungen bei unternehmensinternen Ermittlungen und die Selbstbelastungsfreiheit)

Geiger, Andreas: Die Einwilligung in die Verarbeitung von persönlichen Daten als Ausübung des Rechts auf informationelle Selbstbestimmung, in: NVwZ, Jg. 1989, S. 35–38 (zitiert: Geiger, NVwZ 1989, 35)

Geipel, Andreas: Die Verteidigung bei Straftaten gegen die sexuelle Selbstbestimmung, in: StV, Jg. 2008, S. 271–276 (zitiert: Geipel, StV 2008, 271)

Geppert, Klaus: Die Peinliche Halsgerichtsordnung Karls V. (die „Carolina“), in: JURA, Jg. 2015, S. 143–153 (zitiert: Geppert, JURA 2015, 143)

Gerhold, Sönke F.: Der Einsatz von Lügendetektorsoftware im Strafprozess – aufgrund des technischen Fortschritts in Zukunft doch rechtmäßig?, in: ZIS, Jg. 2020, S. 431–439 (zitiert: Gerhold, ZIS 2020, 431)

Göpfert, Burkard / Merten, Frank / Siegrist, Carolin: Mitarbeiter als Wissensträger – Ein Beitrag zur aktuellen Compliance-Diskussion, in: NJW, Jg. 2008, S. 1703–1709 (zitiert: Göpfert/Merten/Siegrist, NJW 2008, 1703)

Gola, Peter: Der „neue“ Beschäftigtendatenschutz nach § 26 BDSG n.F., in: BB, Jg. 2017, S. 1462–1472 (zitiert: Gola, BB 2017, 1462)

ders. / Heckmann, Dirk (Hrsg.), Bundesdatenschutzgesetz, 13. Aufl., München 2019 (zitiert: Bearbeiter, in: Gola/Heckmann, BDSG)

Greco, Luís / Caracas, Christian: Internal Investigations und Selbstbelastungsfreiheit, in: NStZ, Jg. 2015, S. 7–15 (zitiert: Greco/Caracas, NStZ 2015, 7)

Grupp, Michael: Legal Tech – Impulse für Streitbeilegung und Rechtsdienstleistung – Informationstechnologische Entwicklung an der Schnittstelle von Recht und IT, in: AnwBl, Jg. 2014, S. 660–665 (zitiert: Grupp, AnwBl 2014, 660)

Haefcke, Maren: Beschlagnahmefähigkeit der Interviewprotokolle einer Internal Investigation, in: CCZ, Jg. 2014, S. 39–43 (zitiert: Haefcke, CCZ 2014, 39)

Hähnchen, Susanne / Bommel, Robert: Digitalisierung und Rechtsanwendung, in: JZ, Jg. 2018, S. 334–340 (zitiert: Hähnchen/Bommel, JZ 2018, 334)

Hartung, Markus / Bues, Micha-Manuel / Halbleib, Gernot (Hrsg.): Legal Tech – Die Digitalisierung des Rechtsmarkts, München 2018 (zitiert: Bearbeiter, in: Hartung/Bues/Halbleib, Legal Tech)

Hauschka, Christoph E. / Moosmayer, Klaus / Lösler, Thomas (Hrsg.): Corporate Compliance – Handbuch der Haftungsvermeidung im Unternehmen, 3. Aufl., München 2016 (zitiert: Bearbeiter, in: Hauschka/Moosmayer/Lösler, Corporate Compliance)

Hettche, Verena: Unternehmensinterne Untersuchungen aus arbeitsrechtlicher Perspektive – Unter besonderer Berücksichtigung der Selbstbelastungsfreiheit, Berlin 2021 (zitiert: Hettche, Unternehmensinterne Untersuchungen aus arbeitsrechtlicher Perspektive)

Hilgendorf, Eric: Können Roboter schuldhaft handeln?, in: Beck, Susanne (Hrsg.), Jenseits von Mensch und Maschine – Ethische und rechtliche Fragen zum Umgang mit Robotern, Künstlicher Intelligenz und Cyborgs, Baden-Baden 2012, S. 119–132 (zitiert: Hilgendorf, in: Beck, Jenseits von Mensch und Maschine, S. 119)

Hille, Annika: Die Kooperation von Unternehmen mit deutschen Strafverfolgungsbehörden – Internal Investigations, Mitarbeiterinterviews und nemo-tenetur-Grundsatz, Berlin 2020 (zitiert: Hille, Die Kooperation von Unternehmen mit deutschen Strafverfolgungsbehörden)

Ho, Shuyuan M. / Hancock, Jeffrey T.: Context in a bottle – Language-action cues in spontaneous computer-mediated deception, in: Computers in Human Behavior, Vol. 91 (Jg. 2019, Ausgabe 2), S. 33–41 (zitiert: Ho/Hancock, Computers in Human Behavior 91 [2019], 33)

Hoeren, Thomas / Sieber, Ulrich / Holznagel, Bernd (Hrsg.): Handbuch Multimedia-Recht – Rechtsfragen des elektronischen Geschäftsverkehrs, 57. Egl. (September 2021), München 2021 (zitiert: Bearbeiter, in: Hoeren/Sieber/Holznagel, Multimedia-Recht)

Holthausen, Joachim: Big Data, People Analytics, KI und Gestaltung von Betriebsvereinbarungen – Grund-, arbeits- und datenschutzrechtliche An- und Herausforderungen, in: RdA 2021, S. 19–32 (zitiert: Holthausen, RdA 2021, 19)

Honts, Charles R. / Raskin, David C. / Kircher, John C.: Scientific Status: The Case for Polygraph Tests, in: Faigman, David L. / Saks, Michael J. / Sanders, Joseph / Cheng, Edward K. (Hrsg.), Modern Scientific Evidence – The Law and Science of Expert Testimony, Bd. 5, Eagan (USA) 2008/2009, S. 198–241 (zitiert: Honts/Raskin/Kircher, in: Faigman et al., Modern Scientific Evidence, Bd. 5, S. 198)

Hügli, Anton / Lübcke, Paul: Philosophielexikon – Personen und Begriffe der abendländischen Philosophie von der Antike bis zur Gegenwart, 3. Aufl., Reinbek 2013 (zitiert: *Hügli/Lübcke*, Philosophielexikon).

Hussels, Martin: Grundzüge der Irrtumsproblematik im Rahmen der Glaubhaftigkeitsbeurteilung, in: Kriminalistik, Jg. 2011, S. 114–120 (zitiert: Hussels, Kriminalistik 2011, 114)

Ignor, Alexander: Geschichte des Strafprozesses in Deutschland 1532–1846 – Von der Carolina Karls V. bis zu den Reformen des Vormärz, Paderborn 2002 (zitiert: Ignor, Geschichte des Strafprozesses)

ders.: Rechtsstaatliche Standards für interne Erhebungen in Unternehmen – Die „Thesen zum Unternehmensanwalt im Strafrecht" des Strafrechtsausschusses der Bundesrechtsanwaltskammer, in: CCZ, Jg. 2011, S. 143–146 (zitiert: Ignor, CCZ 2011, 143)

Jedynak, Oliver: Interne Erhebungen in Wirtschaftsstrafsachen mit Auslandsbezug – Unter besonderer Berücksichtigung der Fälle VW, DFB und FIFA, Wiesbaden 2019 (zitiert: Jedynak, Interne Erhebungen in Wirtschaftsstrafsachen mit Auslandsbezug)

Jefferis, David: Künstliche Intelligenz – Vom Taschenrechner zum Androiden, Bindlach 2002 (zitiert: Jefferis, Künstliche Intelligenz)

Jordan, Benedikt / Gresser, Ursula: Wie unabhängig sind Gutachter, in: DS, Jg. 2014, S. 71–83 (zitiert: Jordan/Gresser, DS 2014, 71)

K–N

Karlsruher Kommentar zur Strafprozessordnung mit GVG, EGGVG und EMRK, hrsg. von Hannich, Rolf, 8. Aufl., München 2019 (Bearbeiter, in: KK StPO)

Kasiske, Peter: Mitarbeiterbefragungen im Rahmen interner Ermittlungen – Auskunftspflichten und Verwertbarkeit im Strafverfahren, in: NZWiSt, Jg. 2014, S. 262–268 (zitiert: Kasiske, NZWiSt 2014, 262)

Kassab, Verena / Gresser, Ursula: Was macht Österreich besser? Ergebnisse einer Befragung von medizinischen Sachverständigen in Österreich und Vergleich mit einer Befragung medizinischer Sachverständiger in Deutschland, in: DS, Jg. 2015, S. 268–276 (zitiert: Kassab/Gresser, DS 2015, 268)

Kaulartz, Markus / Braegelmann, Tom (Hrsg.): Rechtshandbuch Artificial Intelligence und Machine Learning, München 2020 (zitiert: Bearbeiter, in: Kaulartz/Braegelmann, Artificial Intelligence)

Kleinstück, Johannes: Wirklichkeit und Realität – Kritik eines modernen Sprachgebrauchs, Stuttgart 1971 (zitiert: Kleinstück, Wirklichkeit und Realität)

ders.: Die Erfindung der Realität – Studien zur Geschichte und Kritik des Realismus, Stuttgart 1980 (zitiert: Kleinstück, Die Erfindung der Realität)

Kluge, Friedrich / Seebold, Elmar: Etymologisches Wörterbuch der deutschen Sprache, 25. Aufl., Berlin 2011 (zitiert: Kluge/Seebold, Etymologisches Wörterbuch der deutschen Sprache)

Knauer, Christoph: Interne Ermittlungen (Teil I) – Grundlagen, in: ZWH, Jg. 2012, S. 41–48 (zitiert: Knauer, ZWH 2012, 41) *ders. / Buhlmann, Erik*: Unternehmensinterne (Vor-)Ermittlungen – was bleibt von nemo-tenetur und fair-trail? – Grenzen der strafprozessualen Verwertbarkeit unternehmensinterner Ermittlungen, in: AnwBl, Jg. 2010, S. 387–393 (zitiert: Knauer/Buhlmann, AnwBl 2010, 387)

Knierim, Thomas C. / Rübenstahl, Markus / Tsambikakis, Michael (Hrsg.): Internal Investigations – Ermittlungen im Unternehmen, 2. Aufl., Heidelberg 2016 (zitiert: Bearbeiter, in: Knierim/Rübenstahl/Tsambikakis, Internal Investigations)

Köhnken, Günter / Gallwitz, Simone: Fehlerquellen in aussagepsychologischen Gutachten, in: Deckers, Rüdiger / Köhnken, Günter (Hrsg.), Die Erhebung und Bewertung von Zeugenaussagen im Strafprozess – Juristische, aussagepsychologische und psychiatrische Aspekte, Bd. 4, Berlin 2021, S. 17–58 (zitiert: Köhnken/Gallwitz, in: Deckers/Köhnken, Die Erhebung und Bewertung von Zeugenaussagen im Strafprozess, S. 17)

König, Cornelia / Fegert, Jörg M.: Zur Praxis der Glaubhaftigkeitsbegutachtung unter Einfluss des BGH-Urteils (1 StR 618/98), in: Fachzeitschrift der DGfPI, Bd. 12 (Jg. 2009), S. 16–41 (zitiert: Fachzeitschrift der DGfPI 12 [2009], 16)

Konzelmann, Alexander / Neuhorst, Wolfgang: Tagungsbericht Internationales Rechtsinformatik Symposion Salzburg (IRIS) 2003, in: JurPC, Jg. 2003, Dok. 110 (zitiert: Konzelmann/Neuhorst, JurPC 110/2003)

Krug, Björn / Skoupil, Christoph: Befragungen im Rahmen von internen Untersuchungen – Vorbereitung, Durchführung und Umgang mit den Ergebnissen, in: NJW, Jg. 2017, S. 2374–2379 (zitiert: Krug/Skoupil, NJW 2017, 2374)

Kühling, Jürgen / Buchner, Benedikt (Hrsg.): Datenschutz-Grundverordnung / Bundesdatenschutzgesetz, 3. Aufl., München 2020 (zitiert: Bearbeiter, in: Kühling/Buchner, DSGVO/BDSG)

Küster, Melanie: Der rechtliche Rahmen für unternehmensinterne Ermittlungen – Eine Auseinandersetzung mit den Problemkreisen bei Ermittlungen im Unternehmen, Wiesbaden 2019 (zitiert: Küster, Der rechtliche Rahmen für unternehmensinterne Ermittlungen)

Kusch, Roger: Aus der Rechtsprechung des BGH zum Strafverfahrensrecht, in: NStZ-RR, Jg. 2000, S. 33–41 (zitiert: Kusch, NStZ-RR 2000, 33)

Lützeler, Martin / Müller-Sartori, Patrick: Die Befragung des Arbeitnehmers – Auskunftspflicht oder Zeugnisverweigerungsrecht?, in: CCZ, Jg. 2011, S. 11–25 (zitiert: Lützeler/Müller-Sartori, CCZ 2011, 11)

Luhmann, Niklas: Legitimation durch Verfahren, 3. Aufl., Frankfurt a.M. 1978 (zitiert: Luhmann, Legitimation durch Verfahren)

ders.: Erkenntnis als Konstruktion, Bern 1988 (zitiert: Luhmann, Erkenntnis als Konstruktion)

ders.: Die Realität der Massenmedien, 3. Aufl., Wiesbaden 2004 (zitiert: Luhmann, Die Realität der Massenmedien)

Makepeace, Johannes: Tücken der Glaubhaftigkeitsbegutachtung – Gibt es einen Ausweg aus dem Aussage-gegen-Aussage-Dilemma?, in: ZIS, Jg. 2021, S. 489–498 (zitiert: Makepeace, ZIS 2021, 489)

Maschke Günter: Aufsichtspflichtverletzungen in Betrieben und Unternehmen – Die Sanktionierung von Verstößen gegen die Aufsichtspflicht in Betrieben und Unternehmen nach § 130 des Ordnungswidrigkeitengesetzes unter besonderer Berücksichtigung des Zusammenhanges zwischen Tathandlung und Zuwiderhandlung, Berlin 1997 (zitiert: Maschke, Aufsichtspflichtverletzungen in Betrieben und Unternehmen).

McCarthy, John / Minsky, Marvin L. / Rochester, Nathaniel / Shannon, Claude: A proposal for the Dartmouth Summer Research Project on Artificial Intelligence, in: AI Magazine, Bd. 27 (Jg. 1955), S. 12–14 (zitiert: McCarthy et al., AI Magazine 27 [1955], 12)

Mengel, Anja / Ullrich, Thilo: Arbeitsrechtliche Aspekte unternehmensinterner Investigations, in: NZA, Jg. 2006, S. 240–246 (zitiert: Mengel/Ullrich, NZA 2006, 240)

Merten, Klaus: Die Rolle der Medien bei der Vermittlung zwischen Recht und Gesellschaft, in: ZfRSoz, Bd. 18 (Jg. 1997), S. 16–30 (zitiert: Merten, ZfRSoz 18 [1997], 16)

Meyer-Mews, Hans: Die „in dubio contra reo"-Rechtsprechungspraxis bei Aussage-gegen-Aussage-Delikten, in: NJW, Jg. 2000, S. 916–919 (zitiert: Meyer-Mews, NJW 2000, 916)

Miebach, Klaus / Hohmann, Olaf (Hrsg.): Wiederaufnahme in Strafsachen, München 2016 (zitiert: Bearbeiter, in: Miebach/Hohmann, Wiederaufnahme in Strafsachen)

Momsen, Carsten: Internal Investigations zwischen arbeitsrechtlicher Mitwirkungspflicht und strafprozessualer Selbstbelastungsfreiheit, in: ZIS, Jg. 2011, S. 508–516 (zitiert: Momsen, ZIS 2011, 508)

ders.: Die Renaissance des Polygraphen? – Wie effektiv lassen sich amerikanische Verteidigungsstrategien im deutschen Strafverfahren nutzen?, in: KriPoZ, Jg. 2018, S. 142–151 (zitiert: Momsen, KriPoZ 2018, 142)

ders. / Grützner, Thomas: Gesetzliche Regelung unternehmensinterner Untersuchungen – Gewinn an Rechtsstaatlichkeit oder unnötige Komplikation?, in: CCZ, Jg. 2017, S. 242–253 (zitiert: Momsen/Grützner, CCZ 2017, 242)

Münchener Kommentar zur ZPO mit GVG und Nebengesetzen, hrsg. von Rauscher, Thomas / Krüger, Wolfgang, 6. Aufl., München 2020 (zitiert: Bearbeiter, in: MüKo ZPO)

Nestler, Nina: „Wer einmal lügt, dem glaubt man nicht…" – Falschaussage, Glaubhaftigkeit, Lügendetektor, in: JA, Jg. 2017, S. 10–16 (zitiert: Nestler, JA 2017, 10)

Nietzsche, Friedrich: Also sprach Zarathustra – Ein Buch für Alle und Keinen, Vierter und letzter Theil, Leipzig 1891 (zitiert: Nietzsche, Also sprach Zarathustra, Teil 4)

O–Q

Oberlader, Verena A. / Naefgen, Christoph / Koppehele-Gossel, Judith / Quinten, Laura / Banse, Rainer / Schmidt, Alexander F.: Validity of content-based techniques to distinguish true and fabricated statements – A meta-analysis, in: Law Hum Behav., Bd. 40 (Jg. 2016), S. 440–457 (zitiert: Oberlader et al., Law Hum Behav. 40 [2016], 440)

Offe, Heinz / Offe, Susanne: Experimentelle Untersuchung zur Theorie der Vergleichsfragen in der physiopsychologischen Täterschaftsdiagnostik, in: MschrKrim, Jg. 2004, S. 86–102 (zitiert: Offe/Offe, MschrKrim 2004, 86)

Pérez-Rosas, Verónica / Abouelenien, Mohamed / Mihalcea, Rada / Burzo, Mahai: Deception Detection using Real-life Trial Data, in: ACM (Hrsg.), ICMI '15 – Proceedings of the 2015 ACM International Conference on Multimodal Interaction, New York (USA) 2015, S. 59–66 (zitiert: Pérez-Rosas et al., in: ACM, ICMI '15, S. 59)

Platon: Der Staat (Politeía), Athen ca. 370 v. Chr., übersetzt und hrsg. von Apelt, Otto: Platons Staat, 5. Aufl., Leipzig 1920 (zitiert: Platon, Der Staat)

Putzke, Holm / Scheinfeld, Jörg: Strafprozessrecht, 1. Aufl., Baden-Baden 2005 (zitiert: Putzke/Scheinfeld, Strafprozessrecht, 1. Aufl. [2005]), 8. Aufl., München 2020 (zitiert: Putzke/Scheinfeld, Strafprozessrecht)

Putzke, Holm / Scheinfeld, Jörg / Klein, Gisela / Undeutsch, Udo: Polygraphische Untersuchungen im Strafprozess – Neues zur faktischen Validität und normativen Zulässigkeit des vom Beschuldigten eingeführten Sachverständigenbeweises, in: ZStW, Bd. 121 (Jg. 2009), S. 607–644 (zitiert: Putzke et al., ZStW 121 [2009], 607)

Quijano-Sánchez, Lara / Liberatore, Federico / Camacho-Collados, José / Camacho-Collados, Miguel: Applying automatic text-based detection of deceptive language to police reports – Extracting behavioral patterns from a multi-step classification model to understand how we lie to the police, in: KBS, Bd. 149 (Jg. 2018), S. 155–168 (zitiert: Quijano-Sánchez et al., KBS 149 [2018], 155)

R–T

Raskin, David C. / Honts, Charles R.: Polygraph Techniques for the Detection of Deception, in: Kleiner, Murray (Hrsg.), Handbook of Polygraph Testing, San Diego (USA) 2002, S. 1–47 (zitiert: Raskin/Honts, in: Kleiner, Handbook of Polygraph Testing, S. 1)

Reuling, Hendrik / Schoop, Christian: „Internal Investigations" im Lichte des Koalitionsvertrages 2018 – Notwendige Inhalte einer gesetzlichen Regelung, in: ZIS, Jg. 2018, S. 361–367 (zitiert: Reuling/Schoop, ZIS 2018, 361)

Riesenhuber, Karl: Die Einwilligung des Arbeitnehmers im Datenschutzrecht, in: RdA, Jg. 2011, S. 257–265 (zitiert: Riesenhuber, RdA 2011, 257)

Rill, Hans-Georg: Forensische Psychophysiologie – ein Beitrag zu den psychologischen und physiologischen Grundlagen neuerer Ansätze der „Lügendetektion", Mainz 2001 (zitiert: Rill, Forensische Psychophysiologie)

ders. / Vossel, Gerhard: Psychophysiologische Täterschaftsbeurteilung („Lügendetektion", „Polygraphie") – Eine kritische Analyse aus psychophysiologischer und psychodiagnostischer Sicht, in: NStZ, Jg. 1998, S. 481–486 (zitiert: Rill/Vossel, NStZ 1998, 481)

Rodenbeck, Julian: Lügendetektor 2.0 – Der Einsatz von Künstlicher Intelligenz zur Aufdeckung bewusst unwahrer Aussagen im Strafverfahren, in: StV, Jg. 2020, S. 479–483 (zitiert: Rodenbeck, StV 2020, 479)

Rothwell, Janet / Bandar, Zuhair / O'Shea, James D. / McLean, David: Silent talker – A new computer-based system for the analysis of facial cues to deception, in: ACP, Bd. 20 (Jg. 2006), S. 757–777 (zitiert: Rothwell et al., ACP 20 [2006], 757)

dies.: Charting the behavioural state of a person using a backpropagation neural network, in: NCA, Bd. 16 (Jg. 2007), S. 327–339 (zitiert: Rothwell et al., NCA 16 [2007], 327)

Rotsch, Thomas (Hrsg.): Criminal Compliance, Handbuch, Baden-Baden 2015 (zitiert: Bearbeiter, in: Rotsch, Criminal Compliance)

Roxin, Imme: Probleme und Strategien der Compliance-Begleitung in Unternehmen, in: StV, Jg. 2012, S. 116–121 (zitiert: I. Roxin, StV 2012, 116)

Rudkowski, Lena: Die Aufklärung von Compliance-Verstößen durch „Interviews", in: NZA, Jg. 2011, S. 612–615 (zitiert: Rudkowski, NZA 2011, 612)

dies.: „Predictive policing" am Arbeitsplatz, in: NZA, Jg. 2019, S. 72–77 (zitiert: Rudkowski, NZA 2019, 72)

Rübenstahl, Markus: Internal Investigations (Unternehmensinterne Ermittlungen) – status quo – Teil 1: Interviews in Internal Investigations und deren prozessuale Verwertbarkeit, in: WiJ, Jg. 2012, S. 17–33 (zitiert: Rübenstahl, WiJ 2012, 17)

Rüping, Hinrich / Jerouschek, Günter: Grundriss der Strafrechtsgeschichte, 6. Aufl., München 2011 (zitiert: Rüping/Jerouschek, Strafrechtsgeschichte)

Salzgeber, Joseph: Familienpsychologische Gutachten – Rechtliche Vorgaben und sachverständiges Vorgehen, 4. Aufl., München 2005 (zitiert: Salzgeber, Familienpsychologische Gutachten, 4. Aufl. [2005])

ders. / Stadler, Michael / Vehrs, Wolfgang: Die psychophysiologische Aussagebegutachtung im Rahmen des Familiengerichtsverfahrens, in: PdR, Jg. 1997, S. 213–221 (zitiert: Salzgeber/Stadler/Vehrs, PdR 1997, 213)

Scherp, Dirk: Fraud Management – Abwehr von Kriminalität in Kreditinstituten und bei Finanzdienstleistern, 3. Aufl., Köln 2018 (zitiert: Scherp, Fraud Management)

Schmuck, Markus / Brügge-Niemann: Glaubwürdigkeitsgutachten „für" den Angeklagten – Neuer Gedanke oder einfach nur „Waffengleichheit"? – Verteidigungsansätze, in: NJOZ, Jg. 2014, S. 601–603 (zitiert: Schmuck/Brügge-Niemann, NJOZ 2014, 601)

Schneider, Mathias: Das Rückgriffsverbot im Datenschutz – kein „best of both worlds"? – Zum Verhältnis zwischen Einwilligung und gesetzlicher Erlaubnis am Beispiel von Arbeitnehmerdaten, in: CR, Jg. 2017, S. 568–573 (zitiert: Schneider, CR 2017, 568)

Schönke, Adolf / Schröder, Horst (Hrsg.): Strafgesetzbuch, 30. Aufl., München 2019 (zitiert: Bearbeiter, in: Schönke/Schröder, StGB)

Schroeder, Friedrich-Christian: Die Peinliche Gerichtsordnung Kaiser Karls V. und des Heiligen Römischen Reichs von 1532 (Carolina), Darmstadt 1986, Nachdruck Stuttgart 2014 (zitiert: Schroeder, Die Peinliche Gerichtsordnung Kaiser Karls V.)

Spehl, Stephan J. / Momsen, Carsten / Grützner, Thomas: Unternehmensinterne Ermittlungen – Ein internationaler Überblick – Teil III: Die Befragung von Mitarbeitern, in: CCZ, Jg. 2014, S. 170–174 (zitiert: Spehl/Momsen/Grützner, CCZ 2014, 170)

Staffler, Lukas / Jany, Oliver: Künstliche Intelligenz und Strafrechtspflege – eine Orientierung, in: ZIS, Jg. 2020, S. 164–177 (zitiert: Staffler/Jany, ZIS 2020, 164)

Steller, Max: Psychophysiologische Täterschaftsbeurteilung als Entlastungsmöglichkeit bei Verdacht auf sexuellem Mißbrauch?, in: Salzgeber, Joseph / Stadler, Michael / Willutzki, Siegfried (Hrsg.), Polygraphie – Möglichkeiten und Grenzen der psychophysiologischen Aussagebeurteilung, Köln 2000, S. 31–43 (zitiert: Steller, in: Salzgeber/Stadler/Willutzki, Polygraphie, S. 31)

ders.: Revitalisierung der Lügendetektion? – Zum juristischen Nutzen des „Polygraphentestverfahrens" – zugleich Kommentar zu AG Bautzen vom 26.10.2017, in: RuP, Jg. 2018, S. 173–178 (zitiert: Steller, RuP 2018, 173)

ders. / Dahle, Klaus-Peter: Grundlagen, Methoden und Anwendungsprobleme psychophysiologischer Aussage- bzw. Täterschaftsbeurteilung („Polygraphie", „Lügendetektion"), in: PdR, Jg. 1999, Sonderheft, S. 127–204 (zitiert: Steller/Dahle, PdR 1999 [Sonderheft], 127)

Stübinger, Stephan: Lügendetektor ante portas Zu möglichen Auswirkungen neurowissenschaftlicher Erkenntnisse auf den Strafprozess, in: ZIS, Jg. 2008, S. 538–555 (zitiert: Stübinger, ZIS 2008, 538)

Theile, Hans: Die Herausbildung normativer Orientierungsmuster für Internal Investigations – am Beispiel selbstbelastender Aussagen, in: ZIS, Jg. 2013, S. 378–384 (zitiert: Theile, ZIS 2013, 378)

ders. / Gatter, Marcelle J. / Wiesenack, Tobias C.: Domestizierung von Internal Investigations?, in: ZStW, Bd. 126 (Jg. 2014), S. 803–843 (zitiert: Theile/Gatter/Wiesenack, ZStW 126 [2014], 803)

Trentmann, Christian: Die Weisungsfeindlichkeit des strafprozessualen Anfangsverdachts – Gedanken zu §§ 146, 147 GVG und § 152 Abs. 2 StPO anlässlich des Falls netzpolitik.org, in: JR 2015, S. 571–580 (zitiert: Trentmann, JR 2015, 571)

U–Z

Undeutsch, Udo: Die Untersuchung mit dem Polygraphen („Lügendetektor") – eine wissenschaftliche Methode zum Nachweis der Unschuld, in: FamRZ, Jg. 1996, S. 329–331 (zitiert: Undeutsch, FamRZ 1996, 329)

ders. / Klein, Gisela: Wissenschaftliches Gutachten zum Beweiswert physiopsychologischer Untersuchungen, in: PdR, Jg. 1999, Sonderheft, S. 45–126 (zitiert: Undeutsch/Klein, PdR 1999 [Sonderheft], 45)

Volbert, Renate / Steller, Max: Is this testimony truthful, fabricated, or based on false memory? Credibility assessment 25 years after Steller and Köhnken (1989), in: European Psychologist, Bd. 19 (Jg. 2014), S. 207–220 (zitiert: Volbert/Steller, European Psychologist 19 [2014], 207)

Volk, Klaus / Beukelmann, Stephan (Hrsg.): Münchener Anwaltshandbuch Verteidigung in Wirtschafts- und Steuerstrafsachen, 3. Aufl., München 2020 (zitiert: Bearbeiter, in: Volk/Beukelmann, Münchener Anwaltshandbuch Wirtschafts- und Steuerstrafsachen)

Vrij, Aldert: Detecting Lies and Deceit – Pitfalls and Opportunities, 2. Aufl., West Sussex (England) 2008 (zitiert: Vrij, Detecting Lies and Deceit)

ders.: Nonverbal Detection of Deception, in: Otgaar, Henry / Howe, Mark L. (Hrsg.), Finding the Truth in the Courtroom – Dealing with Deception, Lies, and Memories, Oxford (England) 2017, S. 163–185 (zitiert: Vrij, in: Otgaar/Howe, Finding the Truth, S. 163)

Wagner, Jens: Legal Tech und Legal Robots – Der Wandel im Rechtswesen durch neue Technologien und Künstliche Intelligenz, 2. Aufl., Wiesbaden 2018 (zitiert: J. Wagner, Legal Tech)

Wagner, Michaela: Polygraphie im Strafverfahren – Ein Plädoyer gegen die prozessuale Zulässigkeit des Lügendetektors, Wien 2012 (zitiert: M. Wagner, Polygraphie im Strafverfahren).

Wastl, Ulrich / Litzka, Philippe / Pusch, Martin: SEC-Ermittlungen in Deutschland – eine Umgehung rechtsstaatlicher Mindeststandards! – Erste exemplarische Überlegungen zu Hintergründen und rechtlichen Konsequenzen so genannter „Privatermittlungen" unter besonderer Berücksichtigung des Komplexes „Siemens" (zitiert: Wastl/Litzka/Pusch, NStZ 2009, 68)

Wieland, Josef / Steinmeyer, Roland / Grüninger, Stephan (Hrsg.): Handbuch Compliance-Management – Konzeptionelle Grundlagen, praktische Erfolgsfaktoren, globale Herausforderungen, 3. Aufl., Berlin 2020 (zitiert: Bearbeiter, in: Wieland/Steinmeyer/Grüninger, Handbuch Compliance-Management)

Wille, Florian: Aussage gegen Aussage in sexuellen Missbrauchsverfahren – Defizitäre Angeklagtenrechte in Deutschland und Österreich und deren Korrekturmöglichkeiten, Berlin 2012 (zitiert: Wille, Aussage gegen Aussage)

Wolfangel, Eva: Was die Stimme über uns verrät, in: MIT Technology Review, Jg. 2019, S. 28–33 (zitiert: Wolfangel, MIT Technology Review 2019, 28)

Yuan, Tianyu: Lernende Roboter und Fahrlässigkeitsdelikt, in: RW, Jg. 2018, S. 477–504 (zitiert: Yuan, RW 2018, 477)

Abbildungsverzeichnis

Zeitfracht Medien GmbH
Ferdinand-Jühlke-Straße 7
99095 Erfurt, Deutschland
produktsicherheit@kolibri360.de